U0153472

趣味幾何學

Entertaining Geometry

Я. И. Перельман 雅科夫・伊西達洛維奇・別萊利曼／著

符其珣／譯　黃俊瑋／校訂

別萊利曼趣味科學系列

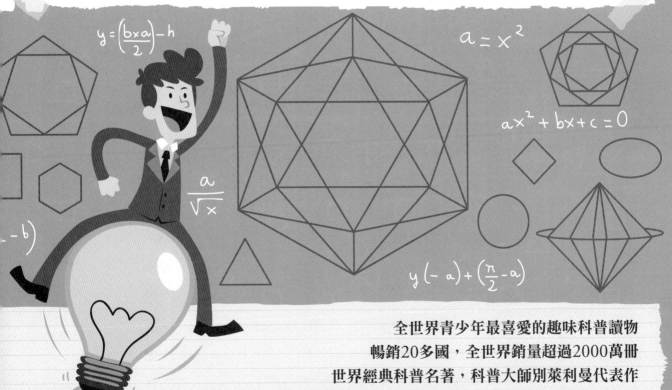

$$y = \left(\frac{b \times a}{2}\right) - h$$

$$a = x^2$$

$$ax^2 + bx + c = 0$$

$$\frac{a}{\sqrt{x}}$$

$$- b)$$

$$y(-a) + \left(\frac{\pi}{2} - a\right)$$

全世界青少年最喜愛的趣味科普讀物
暢銷20多國，全世界銷量超過2000萬冊
世界經典科普名著，科普大師別萊利曼代表作

五南圖書出版公司印行

作者簡介

　　雅科夫・伊西達洛維奇・別萊利曼（Я. И. Перельман，1882 ～ 1942）並不是我們傳統印象中的那種「學者」，別萊利曼既沒有過科學發現，也沒有什麼特別的稱號，但是他把自己的一生都獻給了科學；他從來不認為自己是一個作家，但是他所著的作品印刷量卻足以讓任何一個成功的作家豔羨不已。

　　別萊利曼誕生於俄國格羅德諾省別洛斯托克市，17 歲開始在報刊上發表作品，1909 年畢業於聖彼德堡林學院，之後便全力從事教學與科學寫作。1913 ～ 1916 年完成《趣味物理學》，這為他後來創作的一系列趣味科學讀物奠定了基礎。1919 ～ 1923 年，他創辦了蘇聯第一份科普雜誌《在大自然的工坊裡》，並擔任主編。1925 ～ 1932 年，他擔任時代出版社理事，組織出版大量趣味科普圖書。1935 年，別萊利曼創辦並開始營運列寧格勒（聖彼德堡）「趣味科學之家」博物館，開展了廣泛的少年科學活動。在蘇聯衛國戰爭期間，別萊利曼

仍然堅持為蘇聯軍人舉辦軍事科普講座，但這也是他幾十年科普生涯的最後奉獻。在德國法西斯侵略軍圍困列寧格勒期間，這位對世界科普事業做出非凡貢獻的趣味科學大師不幸於 1942 年 3 月 16 日辭世。

別萊利曼一生共寫了 105 本書，大部分是趣味科學讀物。他的作品中許多部已經再版數十次，被翻譯成多國語言，至今依然在全球各地再版發行，深受全世界讀者的喜愛。

凡是讀過別萊利曼趣味科學讀物的人，無不為其作品的優美、流暢、充實和趣味化而傾倒。他將文學語言與科學語言完美結合，將實際生活與科學理論巧妙聯繫，把一個問題、原理敘述得簡潔生動而又十分精確、妙趣橫生 —— 使人忘記了自己是在讀書、學習，反倒像是在聽什麼新奇的故事。

1959 年蘇聯發射的無人月球探測器「月球 3 號」傳回了人類歷史上第一張月球背面照片，人們將照片中的一座月球環形山命名為「別萊利曼」環形山，以紀念這位卓越的科普大師。

目　錄

8

第 1 章

樹林裡的幾何學

Geometry

$a + b = c$

$c > 0$

∞ *1.1* 陰影的長度

　　直到今天，我還記得小時候一件使我驚愕的事情，我看到一位禿頭的看林人，站在一棵大松樹附近，用一具袖珍型的小儀器在測量那棵大樹的高度。他把一塊四方形的木板對著樹梢瞄了一下，這時我以爲這位老先生馬上就要拿著皮尺爬到樹上了，哪知道他並沒有這樣做，他把那具小巧的儀器放回袋子裡，向大家說已經測量完畢了。可是我以爲測量還沒有開始呢……

　　那時我還很年輕，這種既不需要把大樹砍倒，也不用爬到樹頂就能測量高度的方法，對我來說簡直像一場魔術那麼神奇。直到後來我學到了初等幾何學，才知道要表演這種魔術竟是那麼簡單。有許多種方法可以像這樣只利用最簡單的儀器，甚至根本不用什麼東西就進行測量。

　　其中最容易而最古老的方法，無疑是西元前 6 世紀古希臘哲人泰勒斯用來測定埃及金字塔高度的那個，他利用了金字塔的陰影。法老和祭司聚集在最高的一座金字塔腳下，很關心地望著那位想靠陰影確定這巨大建築物高度的北方來客。據說，泰勒斯選擇當他自己的影子長度恰好跟身高相等的日子和時刻進行測量，因爲這時候，金字塔的高度也應當等於它投下的陰影長度[1]。這或許是唯一一種人利用自己的影子得到好處的情況了。

　　這位古希臘哲人的問題，現代的高中生會感到十分容易解答，但是我們不應該忘記，現在我們是從泰勒斯之後許多人所建立起來的幾何學大廈的高處來看這個問題。西元前 300 年，希臘數學家歐幾里得寫了一部很好的書，他死後的兩千年來人們一直是用這本書學習

1　當然，陰影的長度要從金字塔的方底中心算起；至於塔底的長，泰勒斯是可以很輕鬆地直接測量出來的。

幾何學的。這本書裡所講的定理，雖然現在每個中學生都知道，但在泰勒斯的時代卻還沒有發現。要利用陰影來測量金字塔的高度，必須知道三角形的一些幾何性質——也就是下面兩個特性（第一個還是泰勒斯自己發現的）：

1. 等腰三角形的兩個底角彼此相等；反過來說，如果一個三角形的兩角相等，它們的對邊必然相等。

2. 任意三角形的三個角的總和等於 180°。

只有在知道了這兩點之後，泰勒斯才能斷定，當他的影子長度等於他的身高的時候，日光是以和直角的一半相等的角度射向水平的地面，因此才可以斷定，金字塔的頂點、塔底的中心點和塔影的端點三者，恰好形成一個等腰三角形。

在天氣晴朗的時候，用這個方法測量孤立的大樹的高度是很便利的，孤立的大樹的陰影不會跟附近大樹的陰影混在一起。但是在緯度比較高的地區，卻不像在埃及那麼容易選擇到適宜的時間。這是因為在那些地方太陽升起的高度比較低，以致陰影只能在夏季中午前後的短暫時間裡才會等於投出這個陰影的物體本身的高度。因此，泰勒斯所採用的方法並不是到處都適用的。

可是，我們不難把方才那個方法略為變更，使它可以在有太陽的時候利用任何長度的陰影。除了把物體的陰影長度量出之外，再把自己身體或者一根木杆的陰影長度量出，就可以用比例算出所要測量的高度（圖 1）。

$$\overline{AB} : \overline{A'B'} = \overline{BC} : \overline{B'C'}$$

這是因為樹影長度是身體（或木杆）陰影長度的某倍，而樹高也恰好是身體（或木杆）高度的某倍。這自然是從幾何學中△ ABC 和△ A'B'C' 兩個三角形相似（因為兩角相等）的

關係得出來的。

圖 1　利用陰影測量樹的高度

　　也許有些讀者會提出異議，認為像這麼簡單的東西，根本用不著拿幾何學來證明：難道沒有幾何學的話，我們就不知道樹高多少倍，它的陰影也會跟著長多少倍嗎？可是，事情卻不像你所想像的那麼簡單。不妨把這個規則用在由街頭的路燈燈光所投下的陰影上，就知道這個規則不對了。你從圖 2 可以看到，木柱 $\overline{AB}$ 的高度是木橛 $\overline{A'B'}$ 的三倍，但是木柱的陰影長度卻相當於木橛陰影（$\overline{BC}:\overline{B'C'}$）的八倍。為什麼在某種情形下這個方法可以行得通，在另一種情形下就行不通呢？要想解釋清楚這個問題，沒有幾何學就不行。

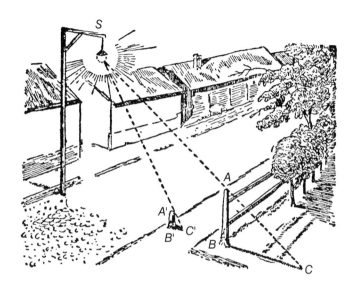

圖 2 　在什麼情形下這種測量方法不適用？

【題】讓我們仔細研究一下，兩種情形的區別究竟在哪裡。原來太陽射出的光線都是彼此平行的，至於路燈射出的光線，卻並不平行。路燈射出的光線很明顯是不平行的，但是，為什麼我們能夠說太陽射出的光線是平行的呢？它們在射出來的那一點上不是必定相交的嗎？

【解】我們把太陽射到地面上的光線看做平行的，是因為各道光線之間的角度太小了，小到簡直無法捉摸。我可以用一個最簡單的幾何學上的計算，來證明這一點。我們不妨假設太陽上某一點發出了兩道光線，它們落到地面的某兩點，這兩點間的距離是 1 公里。這

就是說，假如我們把圓規的一隻腳放在太陽發出光線的那一點上，拿另一隻腳用太陽到地球的距離——150000000 公里——做半徑畫一個圓的話，夾在兩道光線（兩條半徑）之間的弧長是 1 公里，而這個巨大圓周的長應該等於 2×3.14×150000000 公里 = 942000000 公里。

那麼，在這個圓周上每一度的弧長是圓周長的 $\frac{1}{360}$，大約等於 2600000 公里；每一分的弧長是每一度的 $\frac{1}{60}$，等於 43000 公里，每一秒的弧長又是每一分的 $\frac{1}{60}$，就是約 720 公里。而我們的弧長一共只有 1 公里，可知它所對應的角度只有 $\frac{1}{720}$ 秒。像這麼微不足道的角度，即使用最精確的天文儀器，也很難測量得出，因此，我們實際上可以把太陽光看做互相平行的直線[2]。

如果我們對這些幾何知識一無所知，那麼方才所說的利用陰影測量高度的方法，就沒有根據了。

假使你實地去實驗一下陰影測量法的話，馬上就可以發現這個方法並不十分可靠。因為陰影的盡頭並不是很分明的，以致無法把它的長度量得完全準確。太陽光投出來的每一個陰影，在盡頭都有一帶輪廓不清楚的、淡淡的半影，正由於這個半影，使陰影的盡頭無法確定。這是因為太陽並不是一個點，而是一個巨大的發光體，光線是從它表面上許多點射出來的。圖 3 表示樹影 $\overline{BC}$ 多出一段逐漸消失的半影 $\overline{CD}$ 的原因，半影兩端 C、D 跟樹梢 A

2　從太陽射到地球直徑兩端點的光線卻是另外一回事，該射線間的角度大得能夠用儀器測量出來（約 17 秒），這個確定的角度為天文學家提供了一個測定地球和太陽間距離的方法。

所形成的∠CAD 跟我們看太陽圓面所夾的視角相同，都是半度[3]。由於陰影量得不完全準確而產生的測量誤差，即使在太陽位置並不過低的時候也可能達到 5% 或者更多。這個誤差再加上其他不可避免的誤差（例如：由於地面不平所引起的誤差等）會使測量的結果不太可靠。比如在丘陵地帶，就完全不能採用這個方法。

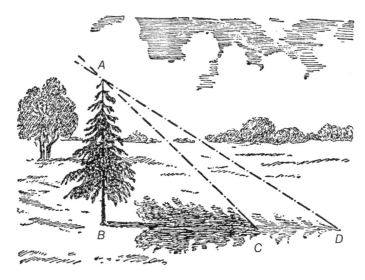

圖 3　半影是怎樣形成的？

⌘1.2　還有兩個方法

完全不利用陰影也可以測量高度，這類測量方法很多，我們先講兩個最簡單的。

首先，我們可以利用等腰直角三角形的性質，製造一具最簡單的小儀器，這種儀器

3　關於「視角」參見第三章。

很容易製作，只要一塊木板和三枚大頭針就行。在任意的木板、甚至有一面是光滑的樹皮上，畫出一個等腰直角三角形，然後把三枚大頭針釘牢在三角形的三個頂點上（圖4）。如果你在製造的時候，手頭沒有三角板，無法繪出正確的直角，也沒有圓規，無法繪出等長的兩邊，那麼你可以把一張紙片先對折一次，再橫過來對折一次，就得到直角了！這張紙片同時還可以代替圓規，來量出相等的距離。

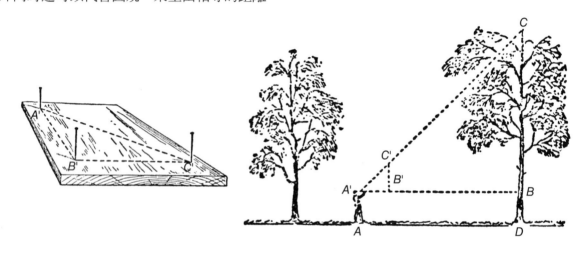

圖4　測高用的三針儀　　　　圖5　三針儀的使用方法圖解

你看，就算在露營的時候也完全能夠製造出來。

使用儀器的方法並不比製造它困難。首先，站在要測量的大樹附近，把這個儀器拿在手裡，使三角形的一條直角邊隨時保持鉛直狀態。只要從釘在直角邊頂端的大頭針上垂下一條細線，下繫一塊重物，使細線恰好跟這條直角邊重合就行了。然後，你要向前走近這棵樹或離開樹往後退，找出一個地點 A（圖5），使你在這個地方用眼睛沿著大頭針 A' 和 C'

望去的時候，樹梢 C 恰好能被這兩枚大頭針所遮掩，這就是說，直角三角形的弦 $\overline{A'C'}$ 的延長線恰好通過 C 點。這時候，$\overline{A'B}$ 顯然跟 $\overline{CB}$ 相等，因為 $\angle A'=45°$。

　　因此，只要量出 $\overline{A'B}$（如果地面平坦，量出跟它相等的距離 $\overline{AD}$）並把 $\overline{BD}$ 加上去（$\overline{BD}$ 是你的眼睛離地面的高度），就可以得出樹的高度了。

　　另外還有一個方法，可以連三針儀都不需要。

　　只要用一根長杆，把它鉛直插在地面上，使露出地面的部分恰好跟你的身高相等[4]。插這根杆子的地方需要經過一番選擇，必須使你像圖 6 那樣仰面躺下以後腳跟緊抵杆腳的時候，眼睛看到樹梢跟杆頂恰好在同一條直線上。因為△ $AB'A$ 是等腰三角形，又是直角三角形，$\angle A=45°$，所以 $\overline{AB}=\overline{BC}$，也就是說，樹的高度等於你的眼睛到樹根的距離。

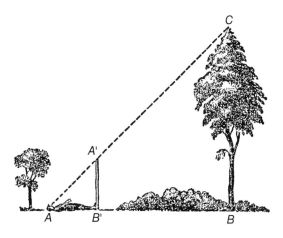

圖 6　還有一個測量樹高的方法

4　嚴格說來，長杆露出地面的部分應該等於你站立的時候眼睛離地面的高度。

❀ *1.3* 儒勒‧凡爾納的測高法

接下來這個測量物體高度的方法也並不複雜，在儒勒‧凡爾納的著名小說《神秘島》裡有過生動的描述。

「我們今天要去量眺望崗的高度。」工程師說。

「您要使用什麼儀器嗎？」赫伯特問。

「不，用不著，我們要換一種方法，跟昨天一樣簡單而準確。」

這位年輕人只要有機會，什麼東西都想學，所以他跟著工程師走下花崗石壁向海濱走去。

工程師拿了一根大約 12 英尺長的直木杆，把它跟自己的身高比較，他很清楚自己的身高，因此可以把木杆的長度量得盡可能準確。赫伯特跟在工程師後面，手裡拿著工程師交給他的懸錘，這是一塊繫在繩子上的石塊。

走到離陡峭的花崗石壁大約 500 英尺的地方，工程師把木杆插進沙土裡，大約插下 2 英尺深，並且用懸錘校正到鉛直的位置，然後把它插牢。

插好木杆，他走出一段距離，找到一個地方，在沙上仰面躺了下來。在這裡他的眼睛恰好看到木杆尖端跟峭壁的頂端在同一條直線上（圖 7），他在這一點上小心地插了一個木橛做標記。

「你知道幾何學的基本原理嗎？」他從地上爬起來，向赫伯特問道。

「知道。」

圖 7　儒勒 · 凡爾納小說裡的主人公測量峭壁的高度

「還記得相似三角形的性質嗎？」

「它們的對應邊成比例。」

「對。那麼你看，我現在做了兩個相似的直角三角形。小的那個的一邊是這根鉛直的木杆，另一邊是木橛到杆腳這段距離，而弦呢，就是我的視線。另一個三角形的兩邊則是我們要測定高度的峭壁以及從木橛到峭壁腳下的距離，而弦也是我的視線，跟第一個三角形的弦重合。」

「我明白了！」這年輕人叫了起來。「木橛到木杆的距離跟木橛到峭壁腳距離的比，恰

好等於木杆高度跟峭壁高度的比。」

「沒錯。因此，我們只要量出前面兩個距離，既然，已經知道木杆的高度，就可以算出這個比例式裡未知的第四項，也就是峭壁的高度。你看，我們不是可以無須直接用尺去量，就測出峭壁的高度了嗎？」

兩個水平距離量出來了：小的是 15 英尺，大的是 500 英尺。

量完以後，工程師列出下面的算式：

$$15：500=10：x^5$$
$$500×10=5000$$
$$5000÷15≈333.3$$

也就是說，花崗石峭壁的高度大約等於 333 英尺。

⚬ 1.4　偵察兵的測高法

方才說的幾種測高法有一個不方便的地方，就是必須躺到地上去，當然我們也能想辦法來避免這個麻煩。

比如，在某次戰爭中，有一支小分隊接到命令，要在一條山澗上架一座橋，可是對岸卻有敵人部隊盤踞著。為了事先偵察架橋的地點，分隊指揮員派出一個偵察小組。他們從附近的一座密林裡選出一棵最有代表性的樹，量出了它的直徑和高度，並且算出可能可以用來架橋的樹木數。

5　這裡的 10 是指木杆露出地面那一段的高度，前面提到杆長 12 英尺，插在沙土裡的一段深 2 英尺。

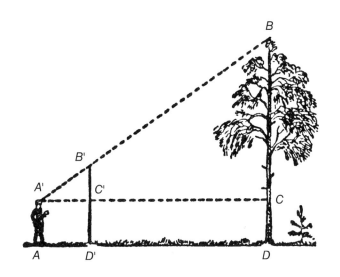

圖8　利用測杆測量高度的方法

　　他們用一根測杆（木杆）測出了樹高。如圖 8 所示，這個方法如下：

　　準備一根比自己身高略高的木杆，把它鉛直插在要測的樹前方一段距離的地上。自己沿 $\overline{DD'}$ 的延長線從木杆那裡往後退，一直退到一個地方 A，使你的眼睛可以看見樹梢和木杆頂端 B' 在同一條直線上。然後，保持著頭部位置不動，把視線沿水平直線 $\overline{A'C}$ 的方向望去，找到你的視線分別跟木杆和樹幹相交的兩點 C' 和 C。請助手在這兩點上做標記，於是，全部觀測工作就告成了。現在只要根據相似三角形△ $A'B'C'$ 和△ $A'BC$ 的關係，從比例式

$$\overline{BC} : \overline{B'C'} = \overline{A'C} : \overline{A'C'}$$

算出

$$\overline{BC} = \overline{B'C'} \times \frac{\overline{A'C}}{\overline{A'C'}}$$

式中 $\overline{B'C'}$、$\overline{A'C}$ 和 $\overline{A'C'}$ 的距離都可以直接量出。算出 $\overline{BC}$ 的值後，再把 $\overline{CD}$ 的值（也可以直接量出）加進去，就知道這棵樹的高度了。

為了算出林中樹木數，偵察組長派人量出了這座密林的面積。然後他數出在 50×50 平方公尺的一塊不大面積裡的樹木數，再使用最簡單的乘法，問題也就解決了。

部隊根據偵察兵們蒐集來的資料，決定了橋應該架在哪裡、應該架什麼樣的橋。後來這座橋如期架成，戰爭任務圓滿達成了。

∞ 1.5 利用記事本的測高法

想測量一個無法攀登的高度，如果不需要測量得十分精確，而你的記事本是附有小鉛筆的那種，那麼，這本記事本也可以用來當做測量儀器。這本記事本可以幫助你在空間中做出兩個相似三角形，用來求得所要測的高度。記事本應該用手拿著放在你的一隻眼睛前面，簡示如圖9。它必須鉛直地拿在手裡，然後把鉛筆逐漸向上推去，一直到你從 A' 點望出去時，鉛筆尖 B' 剛好遮住樹梢 B 為止。這時候，由於兩個三角形 $\triangle A'B'C'$ 和 $\triangle A'BC$ 相似，高度 $\overline{BC}$ 就可以從下列比例式求出：

$$\overline{BC} : \overline{B'C'} = \overline{A'C} : \overline{A'C'}$$

$\overline{B'C'}$、$\overline{A'C'}$ 和 $\overline{A'C}$ 都可以直接量出來。$\overline{BC}$ 的值算出來以後，應該再加上 $\overline{CD}$，在平坦的地方 $\overline{CD}$ 的值就等於你的眼睛離地面的高度。

因為記事本的寬度 $\overline{A'C'}$ 是不會變動的，所以，假如你總是站在離要測的樹一定的距離（例如永遠在 10 公尺外），那麼樹的高度就可以只由鉛筆向上推的那段 $\overline{B'C'}$ 來決定。因此，

你甚至可以事先計算好，鉛筆尖每推出多少高相當於樹高多少，並且把這些數值刻在鉛筆杆上。這樣，你的記事本就變成一具最簡單的測高儀，因為你已經可以用它來直接測出物體的高度，不用再進行什麼計算了。

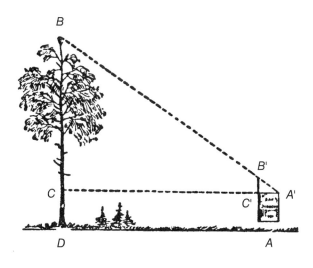

圖 9　利用記事本測樹高

∞1.6 不接近大樹測樹高

時常會有這樣的事情：由於某種原因，使你不可能一直走到要測量的大樹底下。在這種情形下，能不能測量它的高度呢？

完全可以。人們特地為這種情形想出了一種巧妙的儀器，這種儀器跟前面講的幾種一樣，也很容易自己製成。取兩條木板 $\overline{AB}$ 和 $\overline{CD}$（圖 10 右上），把它們釘在一起，相互垂直，

並使 $\overline{AB}$ 等於 $\overline{BC}$，$\overline{BD}$ 等於 $\overline{AB}$ 的一半，儀器就製成了。

要測量高度的時候，把儀器拿在手裡，使木板 $\overline{CD}$ 保持鉛直（為了校正鉛直位置，在儀器上有一個懸錘，是一條線懸著一個小重物），然後站在兩個地方進行測量（圖 10）——先在 P 點測量，這時候要把儀器的 C 端朝上；再在 P' 點測量，這時候要把儀器的 D 端朝上。P 點是這樣選擇的：要使從儀器的 A 點經過 C 點望去，能夠看到樹梢 Q 恰好跟 A、C 在同一條直線上。P' 點的選擇也是一樣，要使從儀器的 A' 點經過 D' 點望去，看到樹梢 Q 恰好跟 A'、D' 在同一條直線上。這種測量法的關鍵就在於 P 和 P' 兩點的選擇[6]，因為所要測的樹高的一部分（$\overline{QR}$）應該恰好等於 $\overline{PP'}$。至於為什麼 $\overline{QR}$ 等於 $\overline{PP'}$，可以很簡單地用下列算式解釋：

因為　　　　　　　　　　　　　　　$\overline{AR}=\overline{QR}$

而　　　　　　　　　　　　　　　　$\overline{A'R}=2\,\overline{QR}$

可知　　　　　　　　　　　　　$\overline{A'R}-\overline{AR}=\overline{QR}$

從這裡你可以看出，使用這種儀器測量樹高，可以不走到離樹根的距離小於樹的高度的地方。至於假如我們能夠一直走到樹根的話，那麼這種測量當然更加簡單，只要找到一個點——P 或 P'，就可以知道它的高度了。

這種「儀器」還可以做得更簡單：不用木板條，只要找一塊適當的木板，在相當於 A、B、C、D 四點的位置上，各釘上一枚大頭針，就可以使用了。

6　這兩點必須和樹根位於同一條直線上。

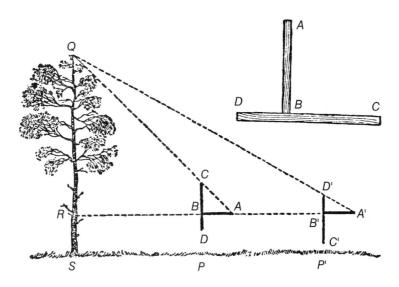

圖 10　利用兩條木板製成的最簡單的測高儀和它的使用法

ೞ *1.7*　森林工作者的測高儀

　　現在要來說明森林工作者所使用的「真正的」測高儀是怎樣製造的。我只打算說一說這一類測高儀當中的一種，而且，為了便於讀者自製，還把它稍作一些改變。

　　這種測高儀的構造原理，從圖 11 可以看出來。這是一塊方形的硬紙板或木板 $A'B'C'D'$，測量的人把它拿在手裡，沿著 $\overline{A'B'}$ 邊望出去，變動木板的傾斜角度，使樹梢 B' 恰好跟 A'、B' 在同一條直線上。在 B' 點往下懸一個重物 Q，把懸著重物的線跟 $\overline{D'C'}$ 邊相交的一點 N 做出記號。這時候，△ $B'BC$ 和△ $B'NC'$ 相似，因為都是直角三角形，而且銳角∠ $B'BC$ 和

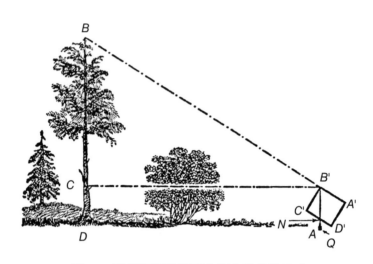

圖 11　森林工作者所用之測高儀的使用法

∠ *B'NC'* 彼此相等（因為對應邊 $\overline{BC}$ 和 $\overline{B'N}$、$\overline{BB'}$ 和 $\overline{NC'}$ 都彼此平行）。因此，我們可以寫出下列比例式：

$$\overline{BC} : \overline{NC'} = \overline{B'C} : \overline{B'C'}$$

因此

$$\overline{BC} = \overline{B'C} \times \frac{\overline{NC'}}{\overline{B'C'}}$$

這裡 $\overline{B'C}$、$\overline{NC'}$ 和 $\overline{B'C'}$ 的值都可以直接量出來，因此，只要把上式求得的 $\overline{BC}$ 加上樹幹下段的長度 $\overline{CD}$（就是這個儀器離地面的高度），就可以求出樹的高度。

我們不妨再更深入地研究這個儀器。假如把方木板的 $\overline{B'C'}$ 邊做成 10 公分長，並在 $\overline{D'C'}$ 邊上畫出公分的刻度，那麼 $\frac{\overline{NC'}}{\overline{B'C'}}$ 的值就可以用一個十分之幾的分數來表示，這個分數也就

直接表示樹高 $\overline{BC}$ 相當於距離 $\overline{B'C}$ 的十分之幾。舉例來說，假定懸著重物的線停在第七條刻度線上（就是 $\overline{NC'}$=7 公分）；這就是說，在你眼睛的高度以上的那段樹高等於你到樹幹的距離的 $\frac{7}{10}$（0.7）。

　　另外一點改進是有關觀測方法的：為了使沿 $\overline{A'B'}$ 線望出去更方便，可以在方紙板的上面兩個角上摺出兩個豎起的小正方形，正方形當中各穿一個孔；一個孔小一些，放在眼睛前面，一個孔大一些，對向樹梢瞄視（圖 12）。

　　更進一步的改進如圖 12 所示，圖上差不多就是真實大小。這種形式製造起來並不難，花費不了多少時間，也不需要在工藝方面有什麼特別的本領。這種測高儀放在口袋裡不太占空間，卻能使你在郊遊時很快就可以測得任何遇到的物體——例如大樹、電線杆、高樓等——的高度。（這種儀器可參見本書作者製作之儀器集《高空幾何學》）

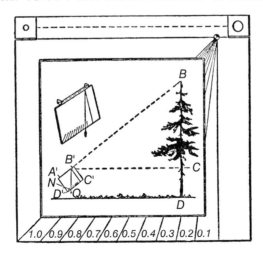

圖 12　森林工作者的測高儀

【題】能不能用這種測高儀去量一棵不能接近的大樹的高度？假如可能，應該怎樣進行？

【解】應該在 A 和 A' 兩點把儀器對著樹梢 B（圖13）。假設我們在 A 點已經測出 $\overline{BC} = 0.9$ $\overline{AC}$，而在 A' 點測出 $\overline{BC} = 0.4$ $\overline{A'C}$。那麼我們知道：

$$\overline{AC} = \frac{\overline{BC}}{0.9}, \overline{A'C} = \frac{\overline{BC}}{0.4}$$

得出

$$\overline{A'A} = \overline{A'C} - \overline{AC} = \frac{\overline{BC}}{0.4} - \frac{\overline{BC}}{0.9} = \frac{25}{18}\overline{BC}$$

既然

$$\overline{A'A} = \frac{25}{18}\overline{BC}$$

那麼

$$\overline{BC} = \frac{18}{25}\overline{A'A} = 0.72\ \overline{A'A}$$

可見，只要量出兩個測量點之間的距離 $\overline{AA'}$，再乘上適當的分數，就可以測量出無法接近的樹的高度了。

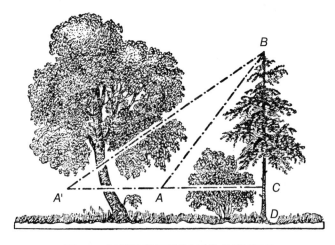

圖13　怎樣測量不能接近的樹的高度

∝*1.8* 利用鏡子測高

【題】還有一種簡單易行的測樹高的方法，是利用鏡子。把一面鏡子放在跟要測的大樹有一段距離的平地上一點 C（圖 14），測量的人兩眼望著鏡子，一步步向後退去，一直退到恰好在鏡子裡望到樹梢 A 的地方，也就是 D 點。這時候，樹高 $\overline{AB}$ 是測量者身高 $\overline{ED}$ 的 x 倍，樹根到鏡子的距離 $\overline{BC}$ 就恰好是鏡子到測量者的距離 $\overline{CD}$ 的 x 倍。為什麼呢？

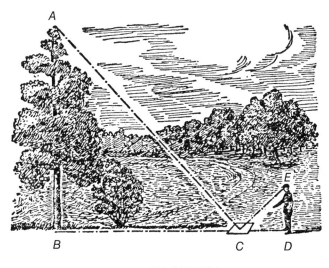

圖 14　利用鏡子測高

【解】這種測高法是根據光的反射定律。樹梢 A（圖 15）反映在點 A' 上，$\overline{AB}=\overline{A'B}$。從兩個相似三角形△ BCA' 和△ DCE，可知：

$$\overline{A'B}:\overline{ED}=\overline{BC}:\overline{CD}$$

現在，只要把式中的 $\overline{A'B}$ 用同值的 $\overline{AB}$ 來代入，就可以回答本題了。

這種方便而不費事的測高法可以在任何天氣中使用，但是只能適用於個別孤立的樹木，不適用於密林中的樹木。

【題】那麼，如果被測的樹由於某種原因不能接近，該怎麼使用鏡子測高呢？

【解】這是一個古老的題目，早在六百年前就已經有人提出過。大約在西元 1400 年時，一位中世紀的數學家安東尼·德·克雷蒙氏就在他的著作《實用土地測量》裡討論過。

要解決這個問題，可以運用兩次上面所說的方法——把鏡子放在兩個地方測量。只要做出適當的圖解，就不難從兩個相似三角形推導出，所測的樹高等於測量者的眼高乘上兩個距離的比，其中一個距離是放鏡子的兩個位置間的距離，另一個就是第二次測量的時候測量者和鏡子間的距離的差。

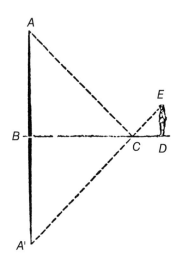

圖 15　用鏡子測高的圖解

在結束我們關於測量大樹高度的講解之前，讓我再向讀者出一個關於樹林的題目。

∝ 1.9　兩棵松樹

【題】有兩棵松樹，相距 40 公尺。你已經量出它們的高度：一棵高 31 公尺，另一棵比較小的只高 6 公尺。

你能算出兩棵樹梢之間的距離嗎？

【解】按照畢氏定理，兩棵松樹樹梢的距離（圖 16）等於

$$\sqrt{40^2 + 25^2} \approx 47公尺$$

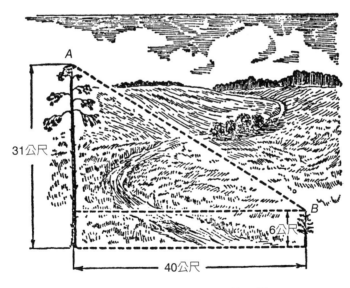

圖 16　兩棵松樹樹梢間的距離

∞ *1.10* 大樹樹幹的形狀

現在你在樹林中漫步的時候，已經可以用六七種不同的方法測知任何一棵大樹的高度了。也許你還對測定大樹的體積感興趣，想測出它有多少立方公尺的木材，並且秤一秤──算出它的重量，以便知道這根樹幹能不能用一輛大車搬運。這兩個題目當然不像測量樹高那麼簡單，專家們還沒有找到最精確的解法，而只能滿足於求得某種限度的近似值。即使是一根已經砍倒而且去掉外皮的樹幹橫臥在你的面前，想十分精確地解答這個問題，也不是那麼簡單。

原因是，即使一根樹幹十分平整，沒有一點凹凸，也不會長得像一個圓柱、圓錐或圓台，不像任何一種我們能按照公式算出體積的幾何體。樹幹當然不是圓柱，因為它的上端比下端略細；可是也不是圓錐，因為它的母線並不是一條直線，而是曲線，而且還不是圓弧，而是另一種中心線，凹向樹幹的曲線[7]。

因此，要比較精確地計算樹幹體積，只能使用積分法。有些讀者也許會覺得奇怪：測量那麼簡單的木材，竟要找高等數學來幫忙？許多人以為高等數學只和某些特殊事物發生關係，日常生活中只要使用初等數學就夠了。這種想法完全錯誤，我們可以運用初等幾何學精確地算出恆星或行星的體積，但是，要想精確地計算出一長段木材或一個啤酒桶的體積，沒有解析幾何和積分法就辦不到。可是這本書並不打算向讀者介紹高等數學，因此我們在

7　這種曲線和所謂「半立方拋物線」（$y^3=ax^2$）比較接近，這種拋物線繞轉所產生的立體，叫做聶爾氏體（Neiloid）（以發現這種曲線的弧長量度方法的著名代數學家聶爾命名）。生長在樹林中的樹木，樹幹外形和聶爾氏體相近。要計算這種聶爾氏體的體積，必須使用高等數學。

這裡只好滿足於求出樹幹體積的近似值。

　　我們將從這樣一個假設出發：樹幹的形體類似於一個圓台；如果連同樹梢一起算，就類似於圓錐；而一段短短的樹幹的形體類似於圓柱。上述三種形體的體積很容易就能計算出來。那麼，我們能不能找出一個體積公式，使它可以同時適用於以上三種形體呢？如果能的話，那我們不必考慮要測的樹幹究竟更類似於哪一種形體——圓柱、圓錐還是圓台，就可以求出樹幹體積的近似值了。

ଔ *1.11*　萬能公式

　　這樣的公式是有的，而且，這個公式不只適用於圓柱、圓錐和圓台，還適用於任何種類的角柱、角錐和角台，甚至適用於球。下面就是這個數學上著名的辛普森公式：

$$V = \frac{h}{6}(b_1 + 4b_2 + b_3)$$

式中　　　h：立體的高度

　　　　　b_1：下底面積

　　　　　b_2：中間截面面積 [8]

　　　　　b_3：上底面積

　　【題】試證明這個萬能公式的確可以用來計算下列七種幾何體的體積：角柱、角錐、角台、圓柱、圓錐、圓台和球。

　　【解】證明的方法很簡單，只要把這公式逐一應用到上列幾何體。

8　就是在一半的高度上的截面面積。

對於角柱和圓柱（圖 17(a)），得到：

$$V = \frac{h}{6}(b_1 + 4b_2 + b_3) = b_1 h$$

對於角錐和圓錐（圖 17(b)），得到：

$$V = \frac{h}{6}(b_1 + 4 \times \frac{b_1}{4} + 0) = \frac{b_1 h}{3}$$

對於圓台（圖 17(c)），得到：

$$V = \frac{h}{6}\left[R^2 + 4(\frac{R+r}{2})^2 + r^2 \right]$$

$$= \frac{h}{6}(R^2 + R^2 + 2Rr + r^2 + r^2) = \frac{h}{3}(R^2 + Rr + r^2)$$

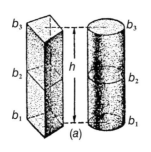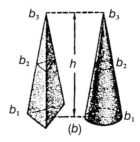

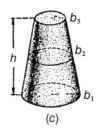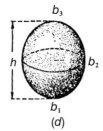

圖 17　可以用辛普森公式求出體積的幾種幾何體

對於角台，當然也可以用同樣的方法予以證明；最後，對於球（圖 17(d)），得到：

$$V=\frac{2R}{6}(0+4R^2+0)=\frac{4}{3}R^3$$

【題】請注意這個萬能公式還有一個有趣的特點：它還適用於計算平面形的面積，例如平行四邊形、梯形、三角形，只要把式中字母所代表的意義改變一下：

h：仍代表高度

b_1：下底長度

b_2：中間線長度

b_3：上底長度

怎樣證明這一點呢？

【解】把公式應用到上述的平面形上，得到：

對於平行四邊形（包括正方形，矩形）（圖 18(a)），

$$S=\frac{h}{6}(b_1+4b_1+b_1)=b_1h$$

對於梯形（圖 18(b)），

$$S=\frac{h}{6}(b_1+4\times\frac{b_1+b_3}{2}+b_3)=\frac{h}{2}(b_1+b_3)$$

對於三角形（圖 18(c)），

$$S=\frac{h}{6}(b_1+4\times\frac{b_1}{2}+0)=\frac{b_1h}{2}$$

你看，這個公式真不愧叫做「萬能公式」。

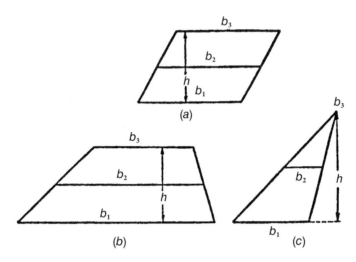

圖 18　萬能公式也適用於求這些圖形的面積

❀ *1.12*　長在地上的樹的體積和重量

現在，你已經掌握了一個公式，可以用來測出砍下的樹幹的近似體積，而不必去問它究竟和什麼樣的幾何體——圓柱、圓錐，還是圓台相似了。要做到這一點，必須測出四個值：樹幹的長度、它的上底面、下底面和中間截面的面積。測出上下底面的面積很簡單，但是要測量中間截面，如果沒有一種叫做量徑尺的特殊設備（圖 19、圖 20），就會感覺相當不方便。

不過也有辦法可以克服這個困難，只要先用一條細繩量出樹幹中間的圓周長，再除以 $3\frac{1}{7}$，就可以得到這個圓周的直徑了。

圖 19　用量徑尺測量樹的直徑

（著名的測量圓形物體的量徑尺就是用這種方法製成的）

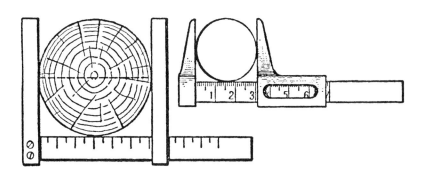

圖 20　量徑尺（左）和微分尺（右）

這樣計算出來的樹幹體積，精確度已經足夠應付許多實際工作上的需要了。如果把樹幹當做圓柱計算，以樹幹中間的直徑作為這個圓柱的直徑，那就更省事，不過精確度比較低，這樣算出來的結果，通常比實際值小 12% 左右。但是，假如我們把樹幹分段計算，每兩公尺作為一段，把每一段看做一個圓柱，分別算出各個圓柱的體積，再加在一起，得到樹幹的總體積，那結果會好得多，只低於實際值 2 ～ 3%。

不過，上面所說的方法對於長在地上的樹不適用，假如你不打算爬到樹上，那麼能夠測量的就只限於樹的下部。在這種情形下，測量一棵樹的體積就只好滿足於近似值的估計，我們也只能安慰自己職業森林工作者通常都是這樣做的。

他們通常是利用所謂的「材積係數表」，表中的數字表示，當你量出齊胸高度，也就是 130 公分處（因為這個高度量樹的直徑最方便）的樹徑，你所測量的樹的體積等於具有相同高度和直徑的圓柱體積的百分之幾。這一點在圖 21 中有一目了然的說明，當然，這個表中的數字對於不同種類和高度的樹木各不相同，因為樹幹的形狀是有變化的。但是所差值並不大：對於松樹和柏樹（生長在密林中）的樹幹，這個數字在 0.45 到 0.51 之間，大約等於 0.5。

於是，我們可以如此測算長在地上的樹木體積，而不致有很大的誤差 —— 以樹高和齊胸高度處所量出的樹徑來算出圓柱的體積，樹幹的實際體積就等於它的一半。

以上測得的結果，當然只是一個近似值，但是它和樹幹的實際體積相差並不遠，最多約大 2% 或小 10% [9]。

9　讀者必須牢記，這個方法只適用於生長在密林中的樹木，也就是說，適用於高細而平整無節的大樹；對於孤立多枝的樹，無法提出類似的體積計算規則。

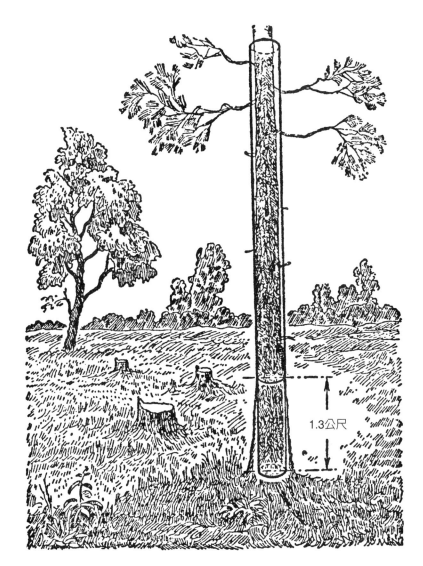

圖 21　大樹體積的測算

現在要估計長在地上的樹幹的重量就只差一步，只要知道每立方公尺「新鮮的」松柏樹幹重 600 ～ 700 公斤就夠了。例如，你站在一棵柏樹面前，測出它的高度是 28 公尺，量出齊胸高度處的樹幹周長是 120 公分，那麼這個圓柱的截面積大約是 1100 平方公分或 0.11 平方公尺，樹幹的體積是 $\frac{1}{2} \times 0.11 \times 28 \approx 1.5$ 立方公尺。假定新鮮的柏樹木材平均每立方公尺重 650 公斤，那麼 1.5 立方公尺的木材大約重一噸（1000 公斤）。

∞ *1.13* 樹葉的幾何學

【題】在白楊樹的樹蔭下，一棵白楊樹的根上長出了一棵小樹。你試去摘下這棵小樹的一片葉子，就可以看見它的樹葉比它生身父母的那棵大白楊樹大，尤其是比那些在強烈陽光下生長的樹葉大得多。這是因爲生長在陰影中的樹葉必須增大自己接觸光的面積來彌補陽光的不足。研究這些是植物學家的事情，可是在幾何學裡，我們也有話可說：它能夠算出小樹的樹葉比母樹大幾倍。

你怎樣著手去解答這個問題呢？

【解】首先，可以求出每片樹葉的面積，然後算出它們的比例。要測量樹葉面積，可以把一張透明的方格紙鋪在樹葉上面，假設每一個方格的面積是 4 平方毫米。雖然這是一個相當準確的方法，但有點過於瑣細麻煩 [10]。

10　但這個方法也有一個特點，是下面講的那個方法所不具備的，也就是說，這個方法可以用來比較形狀不同的葉子的面積大小。

比較簡單的方法是根據這樣一個原則：兩片樹葉雖然大小不同，卻常常具有相同的或幾乎相同的形狀，換句話說，它們的圖形在幾何學上是相似的。我們知道，這樣兩個圖形的面積的比，等於它們直線尺寸平方的比，因此只要知道一片葉子比另一片長（或寬）多少倍，就可以由它們的平方算出兩者面積的比值。假設小樹的葉子長 15 公分，而大樹上的葉子長只有 4 公分，那麼直線尺寸的比是 $\frac{15}{4}$，可以算出前者的面積相當於後者的 $\frac{15^2}{4^2}=\frac{225}{16}$ 倍，大約說個整數（因為算出來的本來就不是最精確的值），小樹葉子的面積相當於大樹葉子的 14 倍。

再來舉一個例子：

【題】一株在陰影中生長起來的蒲公英，葉子長 31 公分，另一株在陽光中生長的蒲公英，葉子長只有 3.3 公分。問前者的面積大約是後者的多少倍？

【解】照前面說的方法計算，兩片葉子的面積之比是：

$$\frac{31^2}{3.3^2}=\frac{961}{10.9}\approx88$$

可知，陰影中生長的葉子面積大約相當於另一片的 90 倍。

你不難在樹林裡找到許多形狀相似但大小不同的樹葉，這樣能得到一批關於幾何學上相似的有趣材料。不熟練的觀察者時常會感到驚奇，兩片葉子在長度或寬度上只有不大的差別，但在面積上卻相差得那麼驚人！比如，有兩片形狀相似的葉子，一片只比另一片長 20%，而它們面積的比竟是：

$$1.2^2\approx1.4$$

就是說兩者面積上相差達 40% 之多。如果兩片葉子在寬度上相差 40%，那麼大的那一

片的面積相當於小的那一片的

$$1.4^2 \approx 2$$

大約兩倍。

【題】請讀者把圖 22、圖 23 的各片葉子面積的比計算出來。

圖 22　請算出這幾片葉子的面積比　　圖 23　請再算出這幾片葉子的面積比

⋈ 1.14　六腳力士

螞蟻真是種傑出的小生物！帶著和牠細小身材不相稱的重物（圖 24 左）敏捷地順著一株植物莖向上爬去。這隻螞蟻向觀察牠的人提出了一個傷腦筋的問題：這隻小動物哪來這樣強大的體力，能夠不太吃力地搬動比牠體重還重十倍以上的重物呢？對於一個人來說，搬運相當於他體重這麼多倍的重物，比如說，背著一架大鋼琴爬上梯子（圖 24 右），這是

不可能的。這樣看來，相對來說螞蟻不是比人還強壯有力嗎？

圖 24　六腳力士

　　果真是這樣嗎？這個問題，沒有幾何學的幫助，也是沒辦法解答的。讓我們先來聽聽專家對於肌肉力量的解釋，然後再去解答剛才那個人和螞蟻力量對比的問題。

　　動物的肌肉和一條具有彈性的韌帶相似，不過肌肉的收縮是由於其他原因，而不是由於彈性，它在神經刺激下恢復正常。而在生理學的實驗中，把電流接到相應的神經或直接接到肌肉上也可以使肌肉收縮。

　　利用剛殺死的青蛙身上取下的肌肉，很容易做這種實驗，因為冷血動物的肌肉即使在平常溫度下，在體外仍能保持它的生活機能很長一段時期。實驗的方法非常簡單，把青蛙用來彎曲後腿的主肌（腿肚肌）連同它附著在上面的一塊大腿骨和腱子一同割下。這段肌肉無論在它的大小上、形狀上，以及從事實驗的便利性上都是最適宜的。把這段大腿骨掛起來，把一個鉤子穿在腱子上，鉤上掛一個砝碼。假如把兩條電線連在這條肌肉的兩端，並接通電流，那麼這條肌肉就會馬上收縮而把砝碼提起。再逐漸增加砝碼，就不難測知這條肌肉的最大舉重能力。現在依次把兩條、三條或四條同樣的肌肉連接起來，用電流給它刺激。這樣做並不能得到更大的舉重力，但是砝碼卻能被提高到和肌肉的條數相當的倍數。然後，假如我們把兩條、三條或四條肌肉並捆成一束，那在通過電流的時候，就會提起相應的倍數的砝碼來。顯然，假如這些肌肉都是長在一起的，也會得到同樣的結果。因此我們知道了肌肉提升力的大小，並不取決於肌肉的長度或重量，而取決於它的粗細，也就是它的截面大小。

　　現在再回到構造相同、形狀相似，只是大小相異的各種動物的比較上來。我們設想有兩隻動物：第二隻動物的直線尺寸都是第一隻的 2 倍。那麼，第二隻的體積、體重以及各器官的體積和重量都是第一隻動物的 8 倍大；但是，在面的度量上，第二隻動物的各部位，包括肌肉的截面，卻只是前者的 4 倍大。這樣看來，雖然一隻動物身體已經長到原來的 2 倍，體重變為原來的 8 倍，但牠的肌肉力量卻只增加到原來的 4 倍，也就是說，這隻動物的體力和體重相比反而弱了一半。根據同樣的理由，一隻動物在長度上是同類的另一隻的 3 倍（在面積上是 9 倍，體積和重量是 27 倍）在相對的體力上將減弱到只抵另一隻的 $\frac{1}{3}$；4 倍長的動物，牠的力量提升也相對地降低到 $\frac{1}{4}$，以此類推。

　　動物的體積和重量不和肌肉力量做同樣比例增長的原理，解釋了為什麼昆蟲類——像我們在螞蟻、黃蜂等身上觀察到的——能夠背負等於本身體重 30 倍、40 倍的重物，而人類在正常情形下（運動員和重物搬運工人例外）卻只能負荷體重的 $\frac{9}{10}$，而一般我們認為馬是很好的工作機器，但牠只能負荷自己體重的 $\frac{7}{10}$[11]。

　　在這些解釋之後，對於克雷洛夫的諷刺詩所描寫的螞蟻勇士的功績，我們就可以用另一種眼光來看了。克雷洛夫寫的是：

　　有一隻螞蟻，力大無比，

　　自古以來沒聽說有這樣大的力氣；

　　牠甚至能夠（牠忠實的歷史家這樣說）

　　把兩大粒麥粒高高舉起。

11　詳細參閱本書作者所著《趣味力學》第十章「生命環境中的力學」。

河邊的幾何學

Geometry

a+ b= c

c>o

∞ *2.1* 　測量河寬

　　不渡河而要測量一條河的寬度，對於一個懂得幾何學的人來說，和不爬到樹梢上去而要測量出樹的高度一樣簡單，我們可以使用跟測量無法接近的高度同樣的方法來測量不可接近的距離。這兩種測量方法都是用另外一個便於直接量出的距離，來代替我們所要測出的距離。

　　測量河面寬度的方法很多，這裡只舉幾個最簡單的。

　　1. 第一種方法，要使用我們已經熟悉的「三針儀」（圖 25），也就是在一塊木板上的

圖 25　用三針儀測量河寬

等腰直角三角形三個頂點各釘了一枚大頭針的儀器。比如說，我們站在河岸上的一點 B，想不過河而測出河面 $\overline{AB}$ 的寬度（圖 26）。測量的時候，你應該站在岸邊的某一點 C，把三針儀放在眼前，用一隻眼向外瞄去，使 A、B 兩點恰好都被三針儀上 A'、B' 兩枚大頭針所遮住。顯然，這個時候你站立的位置恰好是在 $\overline{AB}$ 的延長線上。現在，保持三針儀的位置不變，把你的眼睛沿三針儀上 B'、C' 兩枚大頭針的方向向前望去（和剛才所望的方向垂直），找到某一點 D，被 B'、C' 兩枚大頭針所遮住，也就是說，這個 D 點的位置就在和 $\overline{AC}$ 線相垂直的直線上。接著，把一個木橛釘在 C 點上，然後帶著你的三針儀離開 C 點沿 $\overline{CD}$ 線走去，直到在 $\overline{CD}$ 線上找到一點 E（圖 27），使你從那裡能同時看到大頭針 B' 恰好遮住了 C 點的木橛，而大頭針 A' 恰好遮住了 A 點。這就是說，你在河的兩岸上找到了形成三角形 ACE 的三個頂點，其中 $\angle C$ 是個直角，$\angle E$ 等於三針儀的一個銳角，就是等於 $\frac{1}{2}$ 直角。很明顯，$\angle A$ 也必然等於 $\frac{1}{2}$ 直角，因此 $\overline{AC}=\overline{CE}$。這樣如果你量出了 $\overline{CE}$ 的距離（即使用腳步度量也

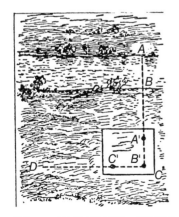

圖 26　三針儀的第一個位置

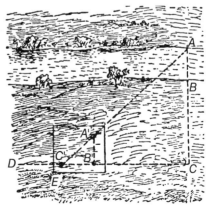

圖 27　三針儀的第二個位置

行），就可以知道 $\overline{AC}$ 的距離，然後減去 $\overline{BC}$（這很容易量出來），就能測出河面的寬度了。

　　但是，要拿著三針儀讓它一點都不動，這是很不方便也很困難的，因此，最好把三針儀裝在一根一端削尖的木杆上，以便豎直插入地面。

　　2. 第二種方法和第一種相近。也是要先在 $\overline{AB}$ 的延長線上找出一點 C，從那裡使用三針儀找出和 $\overline{AC}$ 線垂直的 $\overline{CD}$ 線。之後的做法卻和第一種不同（圖 28）。在 $\overline{CD}$ 線上畫出兩段相等的線段 $\overline{CE}$ 和 $\overline{EF}$，這個長度可以任意決定，在 E 和 F 兩點各插一個木橛。然後，用三針儀在 F 點找出和 $\overline{FC}$ 線垂直的方向 $\overline{FG}$。現在，沿 $\overline{FG}$ 方向前進，找到一點 H，由 H 點向 A 點望去，A 點恰好被 E 點的木橛所遮住。這就是說，H、E、A 各點恰好都位在一條直線上。

　　於是，任務就完成了：$\overline{FH}$ 的長度等於 $\overline{AC}$，因此，只要從 $\overline{FH}$ 減去 $\overline{BC}$，就可以得到所求的河面寬度（至於 $\overline{FH}$ 為什麼等於 $\overline{AC}$，讀者當然已經懂得了）。

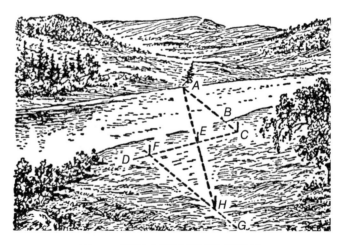

圖 28　利用全等三角形的測距法

用這個方法測量，比第一個方法適用於更多的地方，假如地形允許使用兩種方法來測的話，可以互相檢查結果是否準確，也是很好的事。

3. 第二種方法還可以略微改變一下：不在 $\overline{CD}$ 線上畫兩段等長的線段，而畫出一段是另一段的某一整數倍數的線段。例如（圖 29），$\overline{EC}$ 等於 $\overline{EF}$ 的四倍，之後的做法和前面相同，沿著垂直 $\overline{FC}$ 的 $\overline{FG}$ 方向找出 H 點，從 H 點望去使 E 點的木橛恰好遮住 A 點。但是現在 $\overline{FH}$ 已經不等於 $\overline{AC}$，而只是 $\overline{AC}$ 的四分之一，因為 ACE 和 EFH 兩個三角形並不相等，而只相似（各角相等，各邊不等）。從三角形相似的關係我們可以寫出下面的比例式：

$$\overline{AC} : \overline{FH} = \overline{CE} : \overline{EF} = 4 : 1$$

圖 29　利用相似三角形的測距法

　　可見，量出 $\overline{FH}$ 的長度，用 4 來乘，可以得到 $\overline{AC}$ 的距離，減去 $\overline{BC}$ 後，就得到所求的河面寬度。

　　這個方法比第二個方法所需用到的地方要小得多，因此用起來比較方便。

　　4. 第四種方法是根據直角三角形的一個性質，假如它的一個銳角恰好等於 30°，那麼，和這個角相對的直角邊的長度，等於斜邊長度的一半。要證明這個定理是很容易的。假定直角三角形 △ABC 的 ∠B 等於 30°（圖 30 左），試證明在這種情況下 $\overline{AC}=\frac{1}{2}\overline{AB}$。用 BC 做軸，把 △ABC 轉到和原來相對稱的位置（圖 30 右），構成圖形 ABD。圖上 ACD 線是一條直線，因為 C 點的兩個角都是直角。△ABD 中，∠A=60°，∠ABD 呢，它是從兩個 30° 的角合成的，因此也等於 60°。可知，$\overline{AD}=\overline{BD}$，因為它們是兩個等角的對邊。但是 $\overline{AC}=\frac{1}{2}\overline{AD}$，因此 $\overline{AC}=\frac{1}{2}\overline{BD}$，也就是 $\overline{AC}=\frac{1}{2}\overline{AB}$。

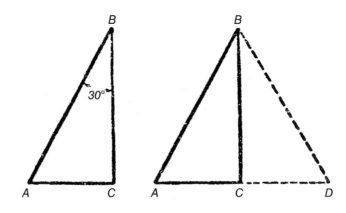

圖 30　當直角邊等於斜邊一半的時候

　　要利用三角形的這個性質來進行測量，我們要有一具特別的三針儀，使三枚大頭針構成的直角三角形，其中一個直角邊恰好等於斜邊的一半。把這個儀器帶到 C 點（圖 31），使 $\overline{AC}$ 方向恰好和三針儀上三角形的斜邊 $\overline{A'C'}$ 相合。然後沿著這個三角形的短直角邊 $\overline{B'C'}$ 望去，確定出 $\overline{CD}$ 方向，在 $\overline{CD}$ 上找出一點 E，使 $\overline{EA}$ 方向恰好和 $\overline{CD}$ 垂直（可以利用三針儀來達到這個目的）。現在不難想見，對 30° 角的直角邊 $\overline{CE}$，它的長度等於 $\overline{AC}$ 的一半，因此，只要量出 $\overline{CE}$ 的距離，再乘以 2，減去 $\overline{BC}$，就可以得到所求的河面寬度了。

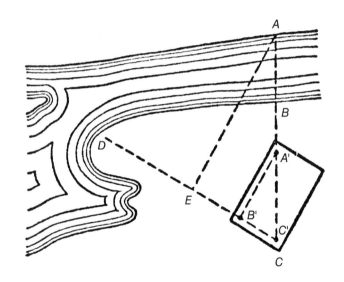

圖 31　應用有 30° 角的直角三角形的測距法

　　不用渡過對岸，要相當準確地測出河面的寬度，上面四種方法都是簡單易行的。至於需要使用比較複雜的儀器（即使是自製的）的測量方法，我們這裡不再介紹了。

☯ 2.2　利用帽沿測距[1]

在一次戰鬥中，利用帽沿測量距離的方法，曾幫助部隊裡的一個班解決了極大的困難。那個班奉命測量一條河流的寬度，準備渡過這條河。

班長帶領全班接近河邊後，利用灌木叢隱蔽起來。他自己帶了一名戰士一直爬到了河邊，從這裡可以清楚望見敵軍占據著的對岸。在這種情況下，只能用眼力去測量河面的寬度。

他們用眼力估計出河寬是 100 ～ 110 公尺。為了驗證目測的結果是不是準確，班長決定利用「帽沿」把河面的寬度測量一下。

這種測量方法是這樣的：測量的人面向對岸，把帽子戴成圖中的人那樣，使眼睛從帽沿底邊望去的時候，恰好望到對面的河岸（圖 32）。如果沒有軍帽，把手掌或記事本緊緊貼在額前來代替也可以。然後，保持頭部的位置不變，測量的人全身向左轉或向右轉，或者向後轉（哪個方向的地面比較平坦，便於量出距離，就轉到哪一個方向），找出從帽沿（手掌或記事本）下望過去距離最遠的一點，從測量人到這點的距離就是河面的大約寬度。

那位班長利用的就是這個方法，他迅速敏捷地在河邊樹叢中站了起來，把記事本放到額上，望到了對岸，接著迅速轉身，找出從記事本底下望去最遠的點，然後他和那位戰士匍匐地爬到那一點上，用繩子量出了這段距離的長度——結果是 105 公尺。

就這樣，班長順利地完成了他的任務。

【題】試用幾何學解釋這利用帽沿的測量法。

1　阿・得米多夫「河流勘探」，《戰爭知識》No. 8，1949。

【解】從帽沿（手掌或記事本邊緣）望出去的視線，首先射向對岸某一點（圖32）。當測量者轉過身的時候，他的眼光像圓規一樣在空中劃了一個圓弧，這時候 $\overline{AC}$ 和 $\overline{AB}$ 都是這個圓弧的半徑，因此 $\overline{AC}=\overline{AB}$（圖33）。

圖 32　要從帽沿底下望見對岸的一點

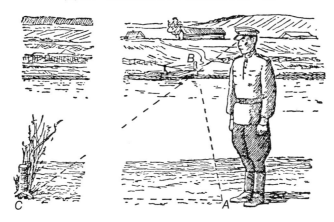

圖 33　用這種方法在自己這邊的岸上找出一點來

❀ *2.3* 　小島的長度

【題】現在我們提出一個比較複雜的問題。你站在河邊或湖邊，看到河（湖）中有一座小島（圖34），你打算不離開這個岸邊，測出這座小島的長度。能完成這個測量嗎？

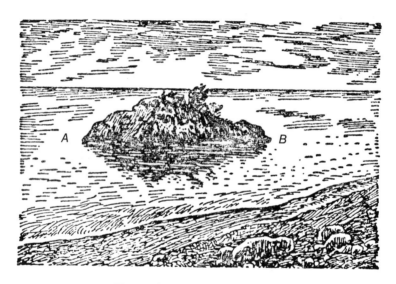

圖 34　怎樣測知小島的長度？

在這種情形下，雖然待測長度的兩端都不可接近，但是這個題目還是完全可以解決的，而且並不需要複雜的儀器。

【解】假定我們留在岸邊，要測量出島長 $\overline{AB}$（圖35）。在岸上任意選擇兩點 P 和 Q，並各釘一個木橛作爲標誌，然後在 $\overline{PQ}$ 線上找出 M、N 兩點，使 $\overline{AM}$、$\overline{BN}$ 兩個方向各和 $\overline{PQ}$

方向構成直角（這可以使用我們的三針儀來進行）。在 $\overline{MN}$ 線的中點 O 處再釘一個木橛，然後在 $\overline{AM}$ 的延長線上找出一點 C，使從 C 點望去的時候，O 點的木橛恰好遮住了 B 點。同樣，在 $\overline{BN}$ 延長線上找出一點 D，使從 D 點望去的時候，O 點的木橛恰好遮住了小島上的端點 A。這樣，$\overline{CD}$ 間的距離就是被測小島的長度。

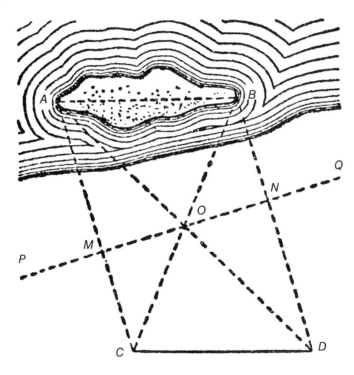

圖 35　利用全等直角三角形的測距法

要證明這一點並不難。請看△ AMO 和△ OND 兩個直角三角形：它們的 $\overline{MO}$ 和 $\overline{NO}$ 兩直角邊相等，此外，∠ AOM 和∠ NOD 兩角也相等，因此這兩個三角形是全等的，故 $\overline{AO}=\overline{OD}$。用同樣的方法可以證明 $\overline{BO}=\overline{OC}$。現在再把△ ABO 和△ CDO 比較一下，可以知道它們是全等的，可見 $\overline{AB}$ 和 $\overline{CD}$ 也是相等的。

☾ 2.4 對岸的行人

【題】對岸上有人沿著河邊走著，我們可以清楚地看見他的步伐。現在要你在這邊的岸上測出你們兩人間的距離（即使只是近似值也好），而手頭沒有任何儀器，該怎麼辦呢？

【解】你雖然沒有儀器，但是有眼睛和手，這就已經足夠了。把你的手臂向對岸行人伸直，假定對岸行人是向你右手方向走去的話，就把左眼閉起，單用一隻右眼；假如那人向你左手方向走的話，就閉起右眼，用一隻左眼，經過豎起的大拇指尖望去。當那位行人恰好走進大拇指所遮掩的地方的時候（圖 36），馬上把方才張開的那隻眼睛閉上，把另一隻張開——行人彷彿向後倒退了一段路一般，這時要開始數行人所走的步數，等到他第二次走進大拇指所遮掩的地方為止，你就有了可以用來測出和他的距離的近似值的一切資料了。

現在讓我來說明怎樣利用這些資料，假設圖 36 中 A′ 和 B′ 是你的兩隻眼睛，M 是手臂伸直所豎起的手指的頂端，A 點是行人的第一個位置，B 點是第二個位置。△ A′B′M 和△ ABM 彼此相似（你應該面向行人站著，盡可能使 $\overline{A'B'}$ 和對岸行人行進的方向相平行），因此，$\overline{BM}:\overline{B'M}=\overline{AB}:\overline{A'B'}$。在這個比例式中，未知項只有 $\overline{BM}$，其他各個數都很容易直接度量出來。事實上，$\overline{B'M}$ 是你伸出手臂的長度；$\overline{A'B'}$ 是兩眼瞳孔間的距離；$\overline{AB}$ 可以從你所

數出的行人步數計算出來（平均每步大約長 $\frac{3}{4}$ 公尺），因此，你和對岸行人間的距離爲

$$\overline{BM}=\overline{AB}\times\frac{\overline{B'M}}{\overline{A'B'}}$$

假如你兩眼瞳孔間的距離 $\overline{A'B'}$=6 公分，從眼睛到伸出手臂的拇指頂端距離 $\overline{B'M}$=60 公分，行人從 A 點走到 B 點一共走了 14 步，那麼你和他之間的距離就將是：

$$\overline{BM}=14步\times\frac{60}{6}=140步=105公尺$$

圖 36　和對岸行人的距離測量法

最好事先量出瞳孔距離和 $\overline{B'M}$，即從眼睛到伸出手臂豎起大拇指頂端的距離，這樣，

把兩者之間的比 $\dfrac{\overline{B'M}}{\overline{A'B'}}$ 記牢，就可以隨時迅速測知不能接近的物體的距離，只要把 $\overline{AB}$ 乘上這兩個距離的比就行了。一般來說，大多數人的 $\dfrac{\overline{B'M}}{\overline{A'B'}}$ 大約等於10。這種測量法的唯一困難，是要想辦法測知 $\overline{AB}$ 的距離。在我們這個例子裡是利用遠處行人所走的步數，而在其他情況，可以利用別的方法。假如要測量的是一列客車的距離，那麼你可以和車廂的長度比較來確定 $\overline{AB}$ 的長度，車廂的長度一般是可以查到的。假如測量的是一座房子的距離，那麼 $\overline{AB}$ 的數值也可以從窗子的寬度或磚塊的長度等比較出來。

上面這個方法，同時也可以用來測量遠處物體的大小，假如能知道測量者和被測物間的距離的話。做這種測量，還可以使用一種「測遠儀」，下節就是這種儀器的說明。

ᘒ 2.5　最簡單的測遠儀

在第一章中，我們已經介紹了一種最簡單的、用來測量不能接近的物體的高度的測高儀，現在再來介紹另外一種儀器——測遠儀。一個最簡單的測遠儀，可以用一根火柴製成。在一根火柴的一面上畫出毫米的刻度，為了更加醒目，把它們塗成黑白相間（圖37）。

圖 37　火柴測遠儀

　　這種最簡單的測遠儀，只有當已知被測物體大小的時候，才可以使用（圖38）。事實上，各種構造比較完善的測遠儀也是要在這種條件下使用的。假設你遠遠看見一個人，想測出你們兩人間的距離，這時火柴測遠儀是很能幫你解決問題的。把它握在手中，手臂伸直，用一隻眼睛向那個人望去，使火柴的頂端恰好和那人的頭頂相合。然後緩緩地在火柴棒上移動大拇指指甲，停在恰好遮住了那個人的腳底的位置。現在，把火柴測遠儀放到眼前，讀出指甲所指的格數，解決問題的一切資料就都已具備了。

圖 38　使用火柴測遠儀測量遠處物體的距離

　　很容易可以證明下面的比例式是正確的：

$$\frac{待測定的距離}{眼和火柴間的距離} = \frac{人體平均高度}{火柴梗量出的度數}$$

從這個比例式中，不難算出待測的距離。舉例來說，如果從眼睛到火柴的距離是 60 公分，人的身高 1.7 公尺，火柴梗量出的度數是 12 毫米，那要測的距離是

$$60 \times \frac{170}{1.2} 公分＝8500公分＝85公尺$$

為了熟習這個測遠儀的使用，你可以找一位同伴，量出他的身高，請他走開一段距離，然後用這儀器測知他所走開的步數。

用同樣的方法，可以測出一個騎在馬上的人（平均高度 2.2 公尺）、騎自行車的人（車輪直徑 75 公分）、鐵路沿線的電線桿（高度為 8 公尺，相鄰兩絕緣體之間的垂直距離為 90 公分）、火車、磚房等容易以一定的精確程度判斷出大小尺寸的物體和你的距離。像這種測量的機會，在你旅行的時候，肯定會碰到很多。

對於擅長手工藝的人，可以毫無困難地製出一具同一類型卻比較完善的測遠儀，用來根據人體的高度測出距離。

這具儀器的構造，詳見圖 39 和圖 40。被測量的物體要恰好放到 A 的空隙處，這個空隙 A 可以由儀器中間一條能上下推動的機關來調整，空隙的長短可從 C、D 兩部分上的刻度讀出。為了免除測量的時候計算的麻煩，可以在 C 板上直接把事先算出來的距離數值寫出（假定測量的物件是人身，儀器和眼睛的距離等於伸直的手臂長），右側的 D 板上可以寫上測量騎馬的人（高度 2.2 公尺）的距離。對電線桿（高為 8 公尺）和測量翼展為 15 公尺的飛機的距離以及類似的大型物體，可以利用 C、D 板上方的空白部位記入，那時這具測遠儀就如圖 40 所示。

當然，這種測遠法測出的數值並不是精確的。這只可以說是一種估計，而不是測量。

在方才所舉的測量實例中，測出人體的距離是 85 公尺，這時火柴棒上如有了 1 毫米的誤差，就會發生 7 公尺的誤差（85 的 $\frac{1}{12}$），假如這人的距離比方才遠出四倍，我們在火柴棒上看到的將只是 3 毫米，而不是 12 毫米，那麼火柴梗上即使只誤差 $\frac{1}{2}$ 毫米，算出的結果就將有 57 公尺的誤差了。因此，我們這具儀器要測量一個人的距離，只在比較近的距離（100～200 公尺）才可靠，如果想測出更遠的距離，那麼就必須選出比較高大的物體做目標了。

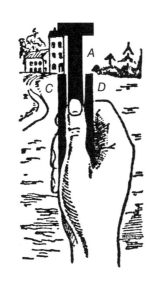

圖 39　推動式測遠儀使用法

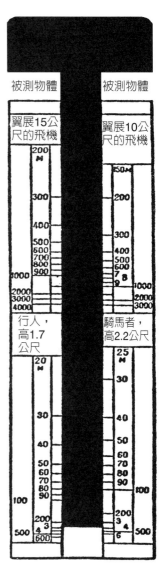

圖 40　推動式測遠儀的構造

🕮 2.6　河流的能量

　　長度不滿一百公里的河流，一般都算是小河。你知道在蘇聯這種小河有多少嗎？非常多──4.3 萬條！

　　如果這些小河沿著一條路線流的話，就可以形成一條長 130 萬公里的河流。這條河流可以環繞赤道 30 圈以上（赤道長約為 4 萬公里）。

　　這些小河不慌不忙緩緩地流著，但在這些緩慢的小河中，卻蘊藏著巨大的能量。這樣巨大的、不用花錢的能量，我們必須廣泛利用，可以使河流附近的農村電氣化。

　　你們都知道水流能量的利用，是要經過水力發電站的。在建設一座小型水力發電站的準備工作中，你也可以貢獻一部分力量。

　　實際上，建設一座水力發電站以前，首先必須知道這條河流的詳細情形，例如它的寬度、水流速度、河床截面積，以及兩岸能夠容許多高的水頭，也就是水位能提高多少等。這些資料都可以使用最簡易的器材測量出來，而且在計算上並不需要用到高深的幾何學。

　　我們現在就來討論這個問題。首先把專家們的實際經驗告訴你，以下是關於建設水力發電站的時候選擇水壩位置的經驗。

　　他們說，一座只有 15 ～ 20 千瓦的小型水力發電站，應該建立在離村鎮 5 公里以內的地方。

　　水電站的水壩應該設在距離河源 10 ～ 15 公里以上、20 ～ 40 公里以內的地方，太遠的話，會因河面變寬而增加建設水壩的費用。但是太近也不適宜，假如水壩建造在距離河源 10 ～ 15 公里以內，電站將由於水量過少以及水頭不夠而無法保證發出必需的電力。還有，

修建水壩的地方，河底不應該太深，否則就必須建築比較重的基礎，會增加建造的費用。

✿ 2.7　水流的速度

「在村莊與高聳的小白樺之間，

流淌著一條白帶狀的河流。」

——阿·費特

　　在小河中，每一晝夜流過多少水呢？

　　只要先量出水流的速度，就不難計算出來了。測量流速的工作要由兩個人來擔任，一個人手裡拿一隻錶，另一個人帶著一個鮮明的浮標，例如插著一面小旗的半空的瓶子等。選擇一段沒有彎曲的河面，在岸邊釘好兩個木橛 A 和 B，$\overline{AB}$ 的距離是 10 公尺（圖 41）。

　　在和 $\overline{AB}$ 線垂直的方向上分別對齊 A 和 B，再釘兩個木橛 C 和 D。戴著錶的測量者站到 D 點後面，另一測量者帶著浮標走到 A 橛上游幾步的地方，把浮標丟到河中央後，迅速回到 C 橛後面。兩人各沿 $\overline{CA}$ 和 $\overline{DB}$ 線向水面上望去，當浮標流到 $\overline{CA}$ 延長線上的時候，站在 C 橛後的人馬上揮一揮手，拿錶的人看到這一個信號，馬上把時間記錄下來；等到浮標流到 $\overline{DB}$ 延長線上的時候，再一次把時間記錄下來。

　　假定浮標在這兩條延長線間漂流的時間是 20 秒鐘，那麼河中水流的流速等於

圖 41　河水流速的測量

$$\frac{10}{20}=0.5秒 / 公尺$$

　　這種測量法一般要重複十次左右，每次把浮標投向不同的地點[2]，然後把測得的結果加起來，所得的和用測量的次數來除，就可以測得水面流動的平均速度。

　　更深的水層流動比較慢，整個水流的平均速度大約等於表面流速的 $\frac{4}{5}$，因此，在我們這個題目中，整個水流的速度是每秒 0.4 公尺。

───────────────

2　　也可以把十個浮標一次丟在不同地點來測量。

　　表面流速也可以用另一種方法測量出來，只是這個方法沒有剛才那個可靠。

　　找一艘小船，坐到裡面去，先向逆流方向划行，划出一公里遠（可事先在岸上標出一公里的距離），然後掉過船頭，順流划回去，盡可能用同樣的力量划槳。

　　假設你逆流一共花了 18 分鐘才划完這 1000 公尺，順流卻只花了 6 分鐘。如果用 x 表示河面水流速度，用 y 表示你在靜止不動的水中的划動速度，可以列出下列方程式：

$$\frac{1000}{y-x}=18 , \quad \frac{1000}{y+x}=6$$

從而

$$y+x=\frac{1000}{6}$$

$$y-x=\frac{1000}{18}$$

$$2x \approx 110$$

$$x \approx 55$$

　　也就是說，河面水流速度等於每分鐘 55 公尺，也就是每秒鐘大約 $\frac{5}{6}$ 公尺。

◯ℬ *2.8*　河水的流量

　　河中水流的速度，你已經可以用兩種方法測量出來。困難的是第二步準備工作，爲了測知河水的流量，必須先確定水流的橫截面積。想要求出這個截面積的大小，要先畫出該截面的圖，這個工作可以這樣完成：

　　【法一】 在你測出河面寬度的地方，把兩個木橛分別釘在兩岸緊貼水邊的地方。然後

和一位同伴坐上小船，從一個木橛向另一個划去，盡量設法使你的船划得筆直地沿著兩個木橛間直線前進。對於一位不熟練的划手，尤其是在水流急速的地方，這當然不是件容易的事。因此，你的同伴應當是一位划船的好手，而且，你們應該要再找一位同伴幫忙，讓他站在岸邊，隨時糾正你們的航線，必要的時候用手勢使划手校正方向。第一次過河的時候，你只要數出一共划了多少次槳，從而算出你的船向前移動 5 或 10 公尺，要划槳多少次。接著，你們再划一次，這一次要隨身攜帶一根長竹竿，竿上事先標好尺寸，每隔 5 公尺或 10 公尺（可以從划槳數計出）把竹竿直插入水，一直探到河底，把每一次量得的深度記下來。

用這種方法只能測出不大的河流的截面，對於比較寬闊而水深的河流，必須使用比較複雜的測量方法，那就要請專家去解決了。對於我們，只好從能使用這種簡單方法的範圍裡來挑選題目了。

【法二】如果所測量的是一條狹小而不深的小河，那連小船都用不著。

在兩岸的木橛間，拉一條和水流方向垂直的繩子，繩子上面每隔一公尺做一個標誌或是打一個繩結，把竹竿從每個繩結處放到河底，量出河底深度。

這些測量做好以後，把河的截面圖畫在一張方格紙上，那麼你就可以得到一張類似圖 42 那樣的圖。這個圖形的面積很容易算出來，因為可以把它當做若干個梯形（其中每個梯形的兩個底邊和高都是已知數）和靠近岸邊的兩個三角形（底邊和高也都是已知數）所合成的面積。假如這個圖的比例尺是 1：100，那麼得出的圖形面積平方公分數就是實際面積的平方公尺數。

現在，你已經有了計算河水流量所需的一切資料了。顯然，每秒鐘從這個截面流出的水量，等於以這個截面積做底面、以水流的每秒平均速度做高度的柱形的體積，假如河

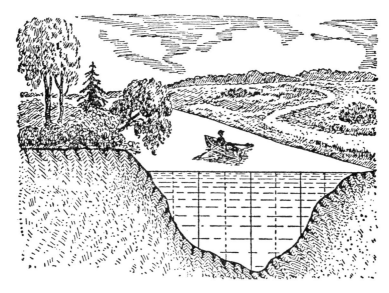

圖 42　河流的截面

中水流的平均速度是每秒 0.4 公尺，而截面面積是 3.5 平方公尺，那每秒鐘經過這個截面流出的水量是

$$3.5 \times 0.4 = 1.4 立方公尺$$

1.4 立方公尺，也就是 1.4 噸的水[3]。那麼，每小時的流量是

$$1.4 \times 3600 = 5040 立方公尺$$

所以每一晝夜的流量是

$$5040 \times 24 = 120960 立方公尺$$

大約是 12 萬立方公尺。一條截面 3.5 平方公尺的河只是一條小河，它可能只有 3.5 公

3　1 立方公尺淡水恰好重 1 噸（1000 公斤）。

尺寬、1 公尺深，甚至可以徒步而過，但它蘊藏的能量卻能夠變成萬能的電力。如果像涅瓦河這樣的河流，每秒鐘流過其橫截面的水量為 3300 立方公尺，那一晝夜流過的水量是多少呢？上面是聖彼德堡的涅瓦河的平均流量，基輔的第聶伯河的平均流量是每秒 700 立方公尺。

對於我們年輕的未來水電站建設者，還有一件事情要做，那就是得算出河的兩岸可以容許多高的水頭，換句話說，就是設計中的水壩究竟可以造成多大的落差（圖 43）。做這件事情，首先要在河的兩岸水邊 5～10 公尺遠處各釘一個木橛，兩條木橛間的連接線應該和水流方向相垂直。然後沿著這條線走去，在岸邊坡度特別變化的地方裝上一些小的木橛（圖 44）。用標有尺度的測杆量出每兩個木橛間的高低差，並且量出兩個木橛間的距離，然後把測得的結果逐一繪在圖上，就可以繪出河岸的截面圖。

根據岸邊的截面情形，就可以知道所能容許的水頭的高低。

假設水壩能夠把水位抬高到 2.5 公尺高，那麼你就可以算出未來這個電站所可能發出的電量。

電機工程師們告訴我們，要把 1.4（河水每秒鐘的消耗量）乘 2.5（水位的高度）再乘 6（一個係數，它隨電機中能量的損耗而有所不同），所得的數就是這個電站可能產生的電量的千瓦數：

$$1.4 \times 2.5 \times 6 = 21 千瓦$$

因為河中水面高度和水的消耗量一年四季各有不同，所以計算的時候，要選用這條河全年內大部分時間所具有的消耗量。

圖 43　小型水電站

圖 44　岸邊地形的測量

✷ *2.9* 水渦輪

【題】一個有槳葉的水渦輪，裝在距離河底不遠的地方，它可以自由旋轉。假設河水從右向左流，問水渦輪將向什麼方向旋轉（圖45）？

【解】水渦輪將沿逆時針方向旋轉。因為在底層的水的流速比上層水的流速慢，因此渦輪上部槳葉受到的壓力比下部大。

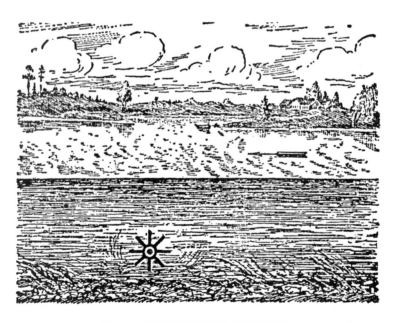

圖45　水渦輪會向什麼方向旋轉？

∞*2.10*　彩虹膜

　　油類流入水中，可以看見很美麗的鮮豔色彩。這是由於油的密度小，浮在水面上，流散開去成爲一層薄膜的緣故。你能測量出或估計出這層油膜的厚薄嗎？

　　這個題目似乎非常複雜，但是解答起來並不太困難。你一定能猜到，我們絕不會採取直接測出它的厚度這種不太有希望的方法。我們是用間接方法來測量它，或者說得更簡單些，就是設法把它計算出來。

　　把一定分量的機油倒到大水池中，盡可能倒得離池邊遠些。當油散開成一片圓斑的時候，把它的直徑測出，即使近似值也好，再從直徑算出面積。因爲你已經知道所取油的體積（這可以很容易地根據它的重量算出），那麼，這個油膜的厚度就不難算出了。下面是一個例子。

　　【題】一克重的煤油散開在水面上，形成了直徑 30 公分的圓斑，問這層煤油薄膜厚度是多少？已知每立方公分煤油重 0.8 克。

　　【解】首先，求出這層煤油薄膜的體積。當然，它的體積和我們所取煤油體積是相同的。假如一立方公分煤油重 0.8 克，那麼 1 克煤油的體積是 $\frac{1}{0.8}$ =1.25 立方公分，就是 1250 立方毫米。一個直徑 30 公分或 300 毫米的圓面積，大約等於 70000 平方毫米，因此我們要求的煤油膜厚度等於油膜體積除外底面積，就是

$$\frac{1250}{70000} = 0.018 毫米$$

　　也就是油膜的厚度甚至還小於 1 毫米的五十分之一。使用普通的測量工具要測量這麼

薄的膜，自然是測量不出來的。

油類或肥皂液的薄膜還能散開得更薄，可以薄到 0.0001 毫米甚至更小。英國有一位物理學家名叫波易斯，在他的《肥皂泡》一書中寫道：

有一次，我在一個水池裡做了一個這樣的實驗：我把一小匙橄欖油倒在池水面上，於是，馬上就形成了一個巨大的油膜，直徑 20 ～ 30 公尺。由於這個油膜的長度和寬度比小匙各大一千倍，因此水面上這個油膜的厚度就應大約是匙中油液厚度的百萬分之一，大約等於 0.000002 毫米。

❀ 2.11 水面上的圓圈

【題】你當然不止一次地欣賞過，把一塊石塊丟到平靜的水面上，所形成的那個圓形的波紋（圖46）。而且對於這個自然現象的解釋，你從未感到過困惑：水面受到石塊擲擊後，激起的波浪就會以相同的速度從這一點向四面展開，因此，每一瞬間波浪的各點都是處在和波浪發生點同樣距離的地方，也就是說，各個點都處在一個圓周上。

以上是說靜水中的情形。那麼，在流動著的水中，事情有沒有變化呢？在快速流動的河中由投石所激起的波浪，向四面擴展的情形，究竟仍是圓形的，還是變成一個拉長的圓形了呢？

大略一想，這個波浪在流水中好像一定會順著水流的方向伸長，因為波浪的展開在沿著水流的方向上，比在逆流或兩旁的方向都要快，那麼在流水面上的波浪各點，似乎應該

圖 46　水面上的圓形波紋

形成一個伸長的封閉曲線，在任何情況下不會是一個正圓。

　　事實卻完全不是這樣。即使把石頭丟到流速最大的河中，你看到的也一定是激起了圓形的波紋──嚴格的圓形波紋，和在靜水中投下石塊的情形一樣，是為什麼呢？

　　【解】我們這樣來看問題：假如河水沒有流動，波紋一定是圓形的。那麼，流動的水流對於這個波紋將引起什麼變化呢？流動的水流將把這個圓形波紋上的所有點，都引向箭頭（圖 47 左）所示的方向流去，而且所有點的流動都沿著互相平行的方向，用相等的速度，也就是移動了同樣的距離。而各點在「平行移動」情形下，是不會改變原來形狀的。事實上，經過這種平行移動之後，A 點移到了 A' 點（圖 47 右），B 點移到了 B' 點……原本的四邊形 $ABCD$ 現在在新位置上變成了新的四邊形 $A'B'C'D'$，這個新四邊形和原來的四邊形完全相等，這可以很容易地從所作的平行四邊形 $ABB'A'$、$BCC'B'$、$CDD'C'$ 等看出。假如我們在圓周上

取出比四點更多的點，也同樣可以在新位置上得到全等的多邊形，假如在圓周上取無數個點，就是取整個圓周，那麼我們在平行移動之後，也必然得到全等的圓周。

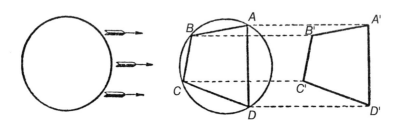

圖 47　流動的水流並不會改變波紋的形狀

由此可以知道流動的水流為什麼不會改變波紋形狀，因為這些波紋在流動的水面上仍舊保持它的圓形，不同的只是在湖中的波紋並不移動（假如不算以投石點作為中心向外擴展的部分的話），而在河中，波紋連同它的中心會以水流的速度向下流去 [4]。

☞ 2.12　爆炸中的榴霰彈

【題】這裡我們要解的題目，乍看之下和這一章完全無關，但是，這個題目實際上完全是和這一章的題材有著密切關聯的。

假如有一枚榴霰炮彈，高高地在空中疾馳著，現在，它開始降落，而在降落中途突然爆炸，彈片向四面爆射出去。假設每一片碎片全都受到同樣的爆炸力量射了出去，而且在

4　以上討論中，很重要的一個條件是：水的流動對圓形波浪的所有各點，都是以同樣速度行進的。如果向河中投石產生的波紋是在各部分移動速度不同的河面上（比如靠近河岸），波浪就不能保持它的圓形了。

向外飛射的途中，沒有受到空氣的阻礙。試問在爆炸一秒鐘之後，假如這時候碎片還未掉到地上，這些碎片的位置分布是怎樣？

【解】這個題目和方才水面上圓紋那題類似。在這個題目中，你也會覺得這些碎片必定成為一個向下伸長的形狀，因為被爆炸射向上方的碎片，一定比射向下方的碎片飛得更慢。但是我們不難證明，這枚想像中的榴霰彈碎片應該散布在球面上。讓我們想像在一瞬間重力突然沒有了，那時候可以想見，爆炸後一秒鐘內所有碎片將都從爆發點射出同樣距離，也就是散布在球面上。現在我們來考慮重力所產生的作用。在重力作用下，各個碎片都應該往下落，由於所有物體落下的速度都是一樣的[5]，因此，所有碎片在這一秒鐘裡都將向下降落一個相等距離，而且各片之間降落方向互相平行，而這種平行移動是不改變其原來形狀的，所以球形仍然還是球形。

因此，這枚榴霰彈的爆炸碎片在空中一定會成為球面分布，而且不斷在膨脹擴大，以自由落體的下降速度向地面上落下。

☞ 2.13　船頭浪

讓我們再回到河邊來。站在一座橋上，聚精會神地注視一艘疾駛而過的輪船所留下來的痕跡，你看到船頭過處，有兩道水脊分到了兩邊（圖48）。這兩道水脊是從什麼地方來的呢？還有，為什麼船走得越快，這兩道水脊所形成的角度越尖呢？

5　在有空氣阻力的時候，物體落下的速度是不同的，但是在這題中已經聲明不把空氣阻力計算在內。

圖 48　船頭浪

　　為了解答這兩道水脊形成的原因，我們再次來研究一下由於投擲石塊在水面所生成的逐漸擴大的圓圈。

　　假如我們每隔一定時間向水面上一塊接一塊投擲石塊，那麼水面上就會看到許多大小不同的圓圈，最後投下的石塊，形成的波紋圓圈最小。假如石塊是依直線方向逐一投去，那麼，所產生的許多大小圓圈，恰好和船頭波浪的形狀相似。所投石塊越小、投擲次數越頻繁，相像的程度也就越顯著。如果把一根木棒插到水裡，向前划動，就好像把斷斷續續的石塊投擲改成了連續不斷的投擲，那時你看見的恰好就像船頭所產生的那種波浪。

　　現在我們只要再添一點東西，就可以把這個問題弄清楚。船頭切進水裡的時候，每一瞬間都在產生像投擲石塊所產生的那種圓形波浪，這個圓形波浪逐漸向周圍擴大，但同時這艘船已經前進了一步，產生了第二個圓形波浪，接著產生第三個、第四個等，連續不斷地產生圓形波浪，不像投擲石子的時斷時續，因而產生了如圖 49 的圖形。兩個相近浪頭的水脊相遇，就彼此連在一起，剩下完整未動的只是這些浪頭兩邊的外面部分不長的一段。這些外面部分連起來，就形成兩道連續不斷的水脊，它們的位置恰好是各個圓形波浪的外公切線（圖 49 右）。

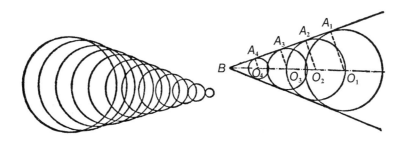

圖 49　船頭浪是怎樣形成的？

　　輪船後面所見到的浪頭的發生原因可以這樣解釋，一切在水面上以相當快速度移動的物體，它後方形成浪頭的原因，也都可以這樣解釋。

　　從這裡可以知道，只有當物體在水裡移動的速度比水浪更快的時候，這種現象才可能發生。假如你把一根木棒在水裡緩緩移動，那是不會有水脊產生的，每次後一個圓形波浪都在前一個裡面，根本沒有劃出共同切線的可能。

　　像這種把水面分裂形成的水脊，當水流過靜止不動的物體的時候，也同樣可以觀察到。假如一道河的水流湍急，那麼類似的水脊可以在水流過橋墩的時候形成。這種波形甚至比輪船所產生出的更加清晰，因為沒有推進槳的干擾。

　　闡明了船頭浪形成的幾何方面的原因，現在我們試著來解這一類題目。

　　【題】輪船船頭浪的兩道水脊間銳角大小，由什麼因素決定？

　　【解】試從各個圓形波浪的中心（圖 49 右）向水脊的直線上相應的部分作半徑，也就是向公切線上的切點作直線。這樣不難理解到，$\overline{O_1B}$ 是船頭在某段時間裡所走過的路程，$\overline{O_1A_1}$ 是在同時間裡波紋擴展的距離。$\overline{O_1A_1}$ 和 $\overline{O_1B}$ 的比（$\dfrac{O_1A_1}{O_1B}$）實際上是 $\angle O_1BA_1$ 的正弦，也就是波浪速度和輪船速度的比。而船頭浪的銳角 $\angle B$ 等於 $\angle O_1BA_1$ 的兩倍，這一角度的正弦等於圓形波浪擴展的速度和船速的比。

　　圓形波浪在水裡的擴展速度，對於各種船隻大體相同，因此船頭浪兩條水脊間的角度大小，主要決定於船的速度，半個船頭角的正弦和這個速度成反比。反過來說，根據這個角的大小，也可以斷定輪船的速度比波浪速度大多少倍。舉例來說，如果船頭浪兩條水脊間的夾角等於 30°（一般航海的客貨輪大都是這樣），那麼它的半角的正弦（sin15°）等於 0.26，這就是說，輪船的速度相當於圓形波浪擴展速度的 $\dfrac{1}{0.26}$ 倍，也就是將近 4 倍。

◌ℬ *2.14*　炮彈的速度

【題】方才研究的那種波浪，當一顆槍彈或炮彈在空中飛過的時候，也會產生。

有一種方法可以拍攝到飛行中的炮彈。圖 50 表示兩種速度不同的炮彈在飛行中的情形，圖上可以清楚地看到我們所感興趣的「彈頭浪」。彈頭浪的產生原因，和船頭浪完全相同。這裡也運用剛才那些幾何上的比，就是彈頭浪半角的正弦等於波浪在空中擴展速度和炮彈飛行速度的比，而波浪在空氣中的傳播速度和音速相同，是每秒 330 公尺，因此只要手頭具有飛行中炮彈的照片，就不難算出它大概的速度。以圖 50 的兩張照片為例，我們要怎麼做呢？

【解】先把圖 50 中彈頭浪的兩道空氣脊的角度量出。左圖大約 80°，右圖大約 55°，它們的半角是 40° 和 27.5°，sin40°=0.64，sin27.5°=0.46。因此，空氣波浪擴展的速度，也就是每秒 330 公尺，在第一種情況等於炮彈飛行速度的 0.64 倍，在第二種情況等於炮彈飛行速度的 0.46 倍。故第一顆炮彈速度為每秒 $\frac{330}{0.64} \approx 520$ 公尺，第二顆炮彈速度為每秒 $\frac{330}{0.46} \approx 720$ 公尺。

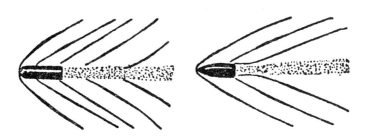

圖 50　飛行中的炮彈彈頭浪的形成

現在你可以看到，我們居然能夠利用極簡單的幾何思考，加上物理學的一點點幫助，解答了乍看之下很難解的問題，根據一張飛行中炮彈的照片，算出它在被拍到那一剎那的速度（當然，這個計算的結果只是近似的，因為我們沒有把一些次要的因素計算在內）。

【題】對於有興趣自己演算一下的同學，這裡提供三張以不同速度飛行中的炮彈照片（圖 51）。

圖 51　怎樣求出飛行中炮彈的速度？

∞ 2.15　水池的深度

剛才談水面上的圓圈，不知不覺談到大炮上去了。現在讓我們再回到河邊，來研究一下印度人關於蓮花的問題。

【題】古時候，印度人有一個習慣，把題目和演算法都用詩歌形式寫出來。下面就是這樣的一個題目。

在平靜的湖面上，

高出水面半尺，一朵蓮花初放。

它亭亭玉立，孤芳自賞。

一陣狂風突然把它吹到一旁。

別為水面上這朵花擔心著慌，

一個漁夫，在早春的時光，

找到了它，離它生長兩尺遠的地方。

現在我提出問題和你相商：

湖水汪汪，

究竟有多深，在這個地方？

【解】以 x 表示要測的水池深度 $\overline{CD}$（圖 52）。那麼，根據畢氏定理，得：

$$\overline{BD}^2 - x^2 = \overline{BC}^2$$

就是

$$\left(x+\frac{1}{2}\right)^2 - x^2 = 2^2$$

得到

$$x^2 + x + \frac{1}{4} - x^2 = 4$$

$$x = 3\frac{3}{4}$$

所求的池水深是 $3\frac{3}{4}$ 尺。

在河岸或小水池邊，你可以找一種水生植物，作為計算這類題目的資料。你不需要利用任何設備，甚至連兩隻手都可以不沾水，就能測出這個地方的水深。

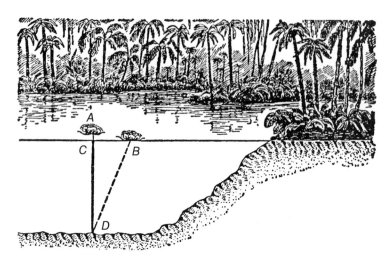

圖 52　印度人的蓮花問題

Ⓒ8 *2.16*　河裡的星空

　　河流即使在夜晚也會啓發我們想出幾何問題。你還記得果戈里描寫第聶伯河的一篇文章嗎？「滿天星斗在上空燃燒照耀，它們全部反映在第聶伯河裡；第聶伯河把它們全攬在它幽暗的懷抱裡，沒有一顆星能夠躲避，除非它熄滅了。」眞的，你站在一條寬廣大河的河岸上，確實有一種感覺，彷彿滿天星斗全部都反映在這個水面的鏡子裡了。

　　但是事實上是不是果眞這樣呢？是不是所有的星星都在河裡反映出來了呢？

　　讓我們來畫個圖（圖 53），A 是站在河岸邊觀測者的眼睛，$\overline{MN}$ 是水面。觀測者從 A 點望向河面，可以看到哪些星星？

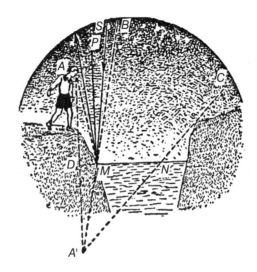

圖 53　在河面鏡子裡能夠看到哪一部分星星？

　　爲了解答這個問題，從 A 點向 $\overline{MN}$ 線引一條垂線 $\overline{AD}$，把這條直線延長到點 A'，使 $\overline{AD}=\overline{DA'}$。假如觀測者的眼睛在 A'，他只能望見 $\angle BA'C$ 以內的這一部分星空。觀測者從 A 點望去，實際上視野也和這一樣，所有在 $\angle BA'C$ 以外的星，這位觀測者是看不見的，因爲這些星光的反射光線射不到他的眼睛。

　　怎樣證明這一點呢？比如說，該怎麼證明，在 $\angle BA'C$ 外的 S 星確是觀測者在河面的鏡子裡所無法看見的呢？

　　我們試來看 S 星射到靠岸的水面上 M 點的光線路徑：這條光線到達水面後，按照物理學中光的反射定律，將從垂線 $\overline{MP}$ 的另一面，沿著和 $\overline{MP}$ 成等於入射角 $\angle SMP$ 的角度的方向反射出去。這個角度比 $\angle PMA$ 小（可以毫不困難地從 $\triangle ADM$ 和 $\triangle A'DM$ 兩個三角形的

全等來證明），因此反射的光線必將經過 A 點旁邊。如果 S 星的光線被水面反射的地點比 M 點離岸更遠，那麼反射光線離觀察者的眼睛也更遠。

從這裡可以知道，果戈里的這段描寫是有些過分誇張的，第聶伯河裡所能反映的星光，遠不達我們見到的天空中所有的星星。

最令人驚奇的是，天空所反映在河裡的那部分的遼闊性，並不能說明在我們面前的是一條寬廣的河流。在河岸較低的、狹窄的小河中，如果低頭往水中看的話，差不多能看見天空的一半（也就是說，比在寬廣的河流中看見的還多）。如果在這樣的情況下調整好視角的話，這一點是很容易證明的（圖 54）。

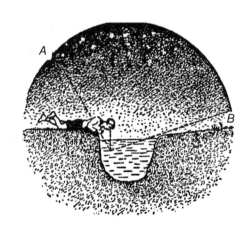

圖 54　在河岸較低的狹窄的小河中可以看見更多的星星

∽*2.17* 在什麼地方架橋？

【題】*A* 和 *B* 兩點間，有一條河（或運河），河的兩岸大約相互平行（圖 55）。現在要在河上架一座和岸邊垂直的橋，這座橋應該架在什麼地方，使從 *A* 到 *B* 的路程最近？

【解】從 *A* 點作一條和河流方向垂直的直線（圖 56），在這條直線上截取和河面等寬的線段 $\overline{AC}$，把 *C* 和 *B* 連接。我們應該在 *D* 點架橋，這樣 *A*、*B* 兩點間的距離就是最近的。

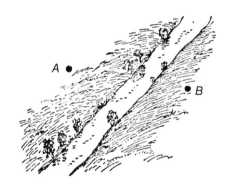

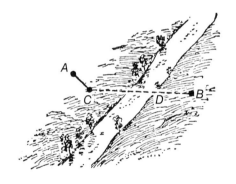

圖 55 在什麼地方架一座和岸邊垂直的橋可以使 從 *A* 到 *B* 的路程最近？

圖 56 架橋的位置選出來了

原來，當你在這個地方架起橋 $\overline{ED}$（圖 57），並把 *E* 和 *A* 連接起來之後，得到一條路 *AEDB*，其中的 $\overline{AE}$ 和 $\overline{CD}$ 平行（*AEDC* 是一個平行四邊形，因為它的相對兩邊 $\overline{AC}$ 和 $\overline{ED}$ 相等又平行），因此 *AEDB* 這條路程長和 *ACB* 相等。現在我們很容易證明，任何一條別的路途都比這一條長。假設我們懷疑某條 *AMNB* 路程（圖 58）可能比 *AEDB* 短，換句話說，

就是比 *ACB* 短。首先，把 *C* 和 *N* 連接，可以看出 $\overline{CN}=\overline{AM}$。這就是說，*AMNB=ACNB*。但是 *CNB* 當然比 $\overline{CB}$ 長，可見 *ACNB* 也比 *ACB* 長，因此，*ACNB* 也比 *AEDB* 長。這樣看來，*AMNB* 這條路實際上並沒有比 *AEDB* 短，而是比它長。

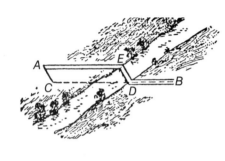 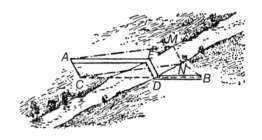

圖 57　橋架好了　　　　　　　圖 58　　*AEDB* 果然是最近的一條路

這個證明適用於一切不在 $\overline{ED}$ 線上架橋的情形，換句話說，*AEDB* 這條路果然是最近的一條了。

∞ 2.18　要架兩座橋梁

【題】我們可能會遇到更複雜的情形，比如說，要找出從 *A* 到 *B* 的最近路徑，中間通過兩道河流，要架兩座和河岸垂直的橋（圖 59）。現在這兩座橋究竟應該架在什麼地方？

【解】從 *A* 點作一線段 $\overline{AC}$ 和第一道河的河面寬度等長，並和河岸垂直。從 *B* 點作一線段 $\overline{BD}$ 和第二道河的河面寬度等長，並和第二道河的河岸垂直。用直線把 *C* 和 *D* 兩點連接。在 *E* 點架設 $\overline{EF}$ 橋，在 *G* 點架設 $\overline{GH}$ 橋。*AFEGHB* 路線將是從 *A* 到 *B* 最近的路徑。

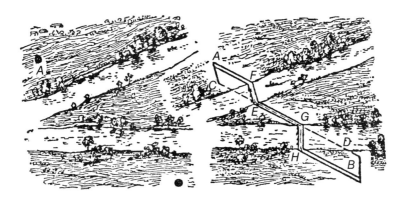

圖 59　兩座橋架好了

　　至於應該怎樣證明這個答案的正確，讀者如果按照前一題的方法去思考，一定可以自行解決。

開闊原野上的幾何學

Geometry

$a + b = c$

$c > 0$

❦ *3.1* 月亮的視大小

　　天上的滿月，你覺得它究竟有多大呢？不同的人對這個問題有各種不同的答案。

　　月亮的大小「像個盤子」、「像個蘋果」、「像人的面孔」等，這些都是最模糊而且不肯定的判斷，只能看出回答的人對於問題的實質沒有真正的認識。

　　對於這種常見的問題，只有清楚了解物體所謂「視大小」的人，才能夠提出正確的答案。我想很少會有人懷疑這裡所說的是關於某個由被觀察物體邊緣引向我們眼睛的兩條直線間的角度大小，這個角度叫做「視角」（參看圖60）。當人們用盤子、蘋果等來說明對月亮的「視大小」的估計時，這種答案或根本沒有絲毫意義，或表示我們看天上月亮的視角，恰和看一個盤子或一個蘋果相同。但是後者這種說法本身還不完整，因為從不同的距離看

圖60　什麼叫視角

一個盤子和一個蘋果，視角也就不同，近一點的話，視角就大些，遠一點呢，視角就小些。要說得正確，必須指出觀察盤子或蘋果的距離才行。

　　許多文藝作品中，常把遠處物體的大小跟其他不指明距離的物體來比較，這種情形極普遍，而且連一流作家也都這樣做。這種描寫方法由於和大多數人的心理習慣相接近而形成印象，卻不能產生清晰明確的形象。以下是莎士比亞的《李爾王》裡描寫從海邊懸崖上望到的景致的段落。

　　把眼睛一直望到這麼低的地方，真是驚心炫目！在半空盤旋的烏鴉，瞧上去還沒有甲蟲那麼大；山腰中間懸著一個採金花草的人，可怕的工作！我看他的全身簡直抵不上一個人頭的大小。在海灘上走路的漁夫就像小鼠一般，那艘停泊在岸旁的高大的帆船小得像它的划艇，它的划艇小得像一個浮標，簡直看不出來。

　　上面一段文字裡的比較，如果有寫出用來比較的物體（甲蟲、人頭、老鼠、小艇……）所距離的程度，才可以提供對於作者本身距離的清晰印象。同樣地，要拿盤子、蘋果來和月亮比較，也必須指出這些東西和眼睛距離的遠近。

　　這個距離實際上竟比你所想像的大了許多。你把蘋果握在伸直的手臂中，這個蘋果所能遮掩的將不僅是一個月亮，而且還遮掩了一大部分天空。試把蘋果用條線吊起，逐步後退，一直到這個蘋果恰好只掩蔽了整個月亮為止，這時候月亮和蘋果對你將有同等的視大小。假如你把蘋果和你眼睛的距離量出來，就可以發現這個距離大約等於 10 公尺。看，為了使蘋果看上去真的和天上的月亮大小相同，得把它移到離眼睛多遠的地方去！至於盤子，

那要移到眼前 30 公尺左右才行，這已經大約等於 50 步的距離了。

上面說的這些，對於每個初次聽到這種說法的人，都會覺得有些難以相信，但事實上這是無可辯解的事，原因是，我們觀望月亮只有半度的視角。一般人在日常生活中幾乎不會遇到要估計角度的事情，因此大多數人對於一個小角度，比如 1°、2° 或 5°，只有模糊的印象（當然，在實際工作中習慣於角度測量的土地測量者、繪圖工作者以及其他專業工作者不在此限）。我們只對比較大的角度才估計得多少準確一些，尤其對於能跟我們熟悉的時鐘兩針構成的角度相比較的，比如 30°、60°、90°、120°、150° 這些角度，都可以在鐘錶面上找到（在 1 點鐘、2 點鐘、3 點鐘、4 點鐘、5 點鐘），而且我們甚至可以根據兩根指針的位置和角度，不必去看鐘錶面上的數字就確定時間。但是微小的個別物體，我們一般只在極小視角之下看見它們，因此我們完全不能（甚至只是大約地）估計出視角來。

☙ 3.2 視角

為了舉一個明顯的實例，使大家清楚了解 1° 的角度究竟有多大，我們且來計算一下，一個中等身材（1.7 公尺高）的人要離開我們走出多遠，才能使我們望見他的視角成為 1°？這句話改用幾何語言來說，就是我們要算出一個圓的半徑，圓心角 1° 所對的圓弧恰好長 1.7 公尺（嚴格地說應該是弦而不是弧，但是對這麼小的角度，弧長和弦長的差別極其有限）。

我們準備這樣來考慮這個問題：假如 1° 的弧長等於 1.7 公尺，那麼，具有 360° 的全圓周的長度將是 1.7 公尺 ×360=610 公尺，半徑是圓周的 $\frac{1}{2\pi}$，如以 $\frac{22}{7}$ 作為 π 的值，半徑將等於

$$610 \div \frac{44}{7} \approx 97公尺$$

就是，這個人必須走出將近 100 公尺，我們看到他的視角才會等於 1°（圖 61）。假如他走出兩倍距離（200 公尺）那麼便將在 0.5° 視角下望見他，假如他走出 50 公尺，那望見他的視角將等於 2°，依此類推。

同樣，我們可以毫無困難地算出，1 公尺長的測桿，當望見它的視角是 1° 的時候，應該距離我們 $360 \div \frac{44}{7} \approx 57$ 公尺；對於 1 公分長的木桿，這距離大約是 57 公分；對於 1 公里的物體，大約是 57 公里等。總之，一切物體從相當於它直徑 57 倍的距離上望過去，視角恰好是 1°。假如記住這個數字——57，就可以迅速而簡單地做出一切和物體角度有關的計算。例如：你想計算出，要在 1° 視角下望見一個直徑 9 公分的蘋果，應該把它移放到什麼距離，那只要把 9 乘以 57，得數 510 公分，或者說大約 5 公尺。假如把這個蘋果移到兩倍的距離上，

圖 61　望見一百公尺遠處的人體的視角是 1°

那麼向它望去的視角就只有一半，即是半度，也就是和月亮的視角一樣。

對於任何物體，我們都可以用同樣的方法來計算出它和月面有相同視大小時的距離。

◎ 3.3 盤子和月亮

【題】為了使一個直徑 25 公分的盤子看起來和天上的月亮有相同的視大小，應該把它移遠多少距離？

【解】 $\quad\quad\quad\quad\quad\quad$ 0.25×57×2=28.5 公尺

◎ 3.4 月亮和錢幣

【題】有兩枚錢幣，一枚 5 戈比的，直徑為 25 毫米；另一枚 3 戈比的，直徑為 22 毫米。

【解】 $\quad\quad\quad\quad\quad\quad$ 0.025×57×2=2.9 公尺

$\quad\quad\quad\quad\quad\quad\quad\quad\quad$ 0.022×57×2=2.5 公尺

或許，你對於月亮在人眼中並不比三步遠的五分幣更大或 80 公分遠的鉛筆端面更寬這一點表示懷疑，那麼，請把一枝鉛筆握在伸直的手臂中，對著一輪滿月望去，鉛筆將掩遮了整個月亮還有餘。而且，使你驚奇的是，在視大小相等意義上，最適合跟月亮相比擬的並不是盤子、蘋果甚至櫻桃，而是一顆小豆，或者更恰當一點說，是十個火柴頭！盤子和蘋果的視大小只在非常大的距離之外和月亮相等；在我們伸直的手臂中的蘋果以及面前餐桌上的盤子，看起來比月亮大十倍甚至二十倍；只有火柴頭在離眼睛 25 公分處（所謂「明

視距離」）望去，才確實得到和月亮同等大小的角度，就是半度。

月亮在大多數人的眼中會引起增大 10 ～ 20 倍的錯覺，這是人類視覺極有趣的錯覺之一。這個錯覺的程度，主要決定於月亮的光亮程度，在天幕上的一輪滿月要比盤子、蘋果、硬幣等物體在其周圍環境中顯得更加明耀醒目 [1]。

這種錯覺使得具有正確眼光的藝術家和普通人一樣地受到它的欺騙，在他們的作品中，常把一輪滿月畫得比應有的尺寸更大。這一點，只要把一張風景畫和一幅照片對照一下，就可以得到證實了。

方才所說的情形對於太陽也是一樣，我們從地面上觀察太陽的視角也是半度，雖說太陽的直徑比月球大 400 倍，但太陽和我們的距離也比月球的距離大 400 倍 [2]。

ᘓ 3.5　攝影的特技鏡頭

為了給讀者們解釋視角這個重要的概念，我們先略略離開本章的題目「開闊原野上的幾何學」，而來談談幾個電影上的場面。

在電影院的銀幕上，你當然看過驚險的鏡頭，像火車撞車等，以及離奇的鏡頭，像汽車在海底行駛等。當然，誰也不會相信這些驚險鏡頭都是實地拍攝得來。可是，它們是怎樣拍出來的呢？

下面的幾幅插圖，可以把這裡的秘密完全揭露。你在圖 62 上看到的是一列玩具火車，

1　電燈泡的燈絲，熾熱的時候顯得比冷的時候加倍粗大，理由也是這樣。

2　如以地球和太陽間的平均距離計算，太陽的角直徑大約是 32'。

在玩具橋梁上出了「事故」；圖 63 是在一個玻璃水箱後面用一條細線拖引著的一輛玩具汽車，這就是拍攝影片時的「實景」。那麼，為什麼我們在銀幕上看到這些照片的時候，會產生錯覺認為那是實際的火車和汽車呢？在這裡的插圖上，即使我們不拿別的物體比較，不也是一眼就斷定了它們的尺寸是很小的嗎？

圖 62　電影中的火車事故是這樣拍成的

原因很簡單：拍攝影片的時候，這些玩具火車和汽車都是從極近的距離拍攝的，因此在銀幕上映出來的時候，恰好使觀眾看到它們和看到一輛真正的汽車或火車有同樣的視角，整個引起錯覺的秘密就在這裡。或者還有一個來自電影《魯斯蘭與柳德米拉》中的鏡頭（圖 64），巨大的一顆人頭與騎在馬上的小小的魯斯蘭。頭是放在離攝影機較近的模型場地上，而馬上的魯斯蘭在很遠處，引起錯覺的秘密就在這裡。

圖 63　汽車在海底行駛

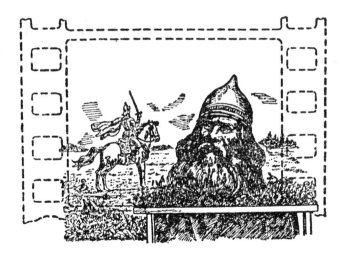

圖 64　電影《魯斯蘭與柳德米拉》中的一個鏡頭

　　圖 65 也是造成錯覺的另一個例子。在圖中你可以看到一張使你回憶到古地質時代的奇怪的風景畫，圖中你看到的是如同巨大的苔蘚似的奇異大樹，樹上掛著些巨大的水滴，前面呢，是一隻巨獸，只是牠有著和木虱相似的外形。雖然這張畫是如此不尋常，卻都是根據實際存在的東西繪製出來的，只不過是在不平常的視角下拍攝的罷了。我們向來沒有在這麼大的視角下欣賞過苔蘚的莖、水滴以及木虱等，因此這張畫才使我們這樣驚奇和陌生。為了要使這圖片引起我們正常的感覺，必須把它縮小到像一隻螞蟻那麼小才行。

圖 65　從實物拍攝出來的奇怪照片

　　在製造一些假的新聞照片時，採用另一種手法：某國的一家報紙上，有一次刊載了一篇短文，責難地方政府不該任令街道上積滿巨大的雪山。為了證明這一點，還附刊了一幅如同圖 66（示意）那樣給人深刻印象的照片。後來經過調查，才知道這照片實際上是用一個很小的雪堆拍出來的，是被那位惡作劇的攝影師從極近的距離，也就是在最大的視角下拍出來的（圖 67）。

圖 66　雪山的照片　　　　　圖 67　實際上的情形

　　那家報紙還刊載了一幅照片，是市郊某處山岩的一個寬闊岩縫，報上說這個縫是一個巨大地下室的入口，一些不小心的探險家們為了到裡面探險竟告失蹤。這段新聞刊出以後，一隊前去尋找失蹤者的志願者發現，這張照片原來是從一堵結滿了冰的牆壁上一條隱約可辨的狹縫拍來的，這狹縫的寬度大約只有一公分。

✑ *3.6* 活的測角儀

　　想自製一個最簡單的測角儀並不是一件很困難的事，尤其是假如你手頭上有一個分角器的話。但是你在郊外野遊的時候，不一定會隨時帶著你的自製測角儀，在這種情形下，你可以使用大自然賦予你的，永遠在你身邊的「活的測角儀」。原來，我們要介紹的不是別的東西，是你自己的五個手指。要利用手指來測定視角的近似值，只要事先做點準備工作，做幾次測量和計算就可以了。

　　首先，我們必須確定，當我們把手臂伸直向這隻手的食指指甲看去，視角的度數是多少。一般來說，成年人的食指指甲寬 1 公分，從眼睛到伸直手臂的手指指甲處的距離大約是 60 公分，因此我們看見指甲的視角大約等於 1°（應該比 1° 略小，因為前節已經說過，在 57 公分的距離處才造成 1° 的視角）。對於少年人，他的指甲寬度略小，但是他的手臂也比較短，因此所造成的視角大約也一樣是 1°。當然，讀者如果能夠不依賴或隨便採用書中所告訴你的資料，而自己去做一次實地測量，那是最好的事，因為這樣可以使你知道自己的食指指甲和手臂長度所產生的視角，究竟是否恰好等於 1°，或是略大一些。假如大了太多，那可以找另一隻手指的指甲來代替。

　　知道了這一點之後，你就可以「赤手空拳」地去測量所有微小的視角了。一個遠方的物體，假如你經過伸直手臂的食指指甲向它望去，食指指甲恰好把它遮掩了的話，那麼你看這東西的視角就等於 1°，也就是說這東西離你的距離，等於它本身寬度的 57 倍。假如你的食指只能遮掩這個物體寬度的一半，那麼它的視角就等於 2°，你和它之間的距離將大約等於它的寬度的 28 倍。

滿月只要用指甲一半的寬度就可以遮蔽，這就是說，我們看見月亮的視角只有半度，可知月球和地球間的距離大約等於它直徑的 114 倍。看，這麼一個重大而有價值的天文學上的測量，我們卻赤手空拳就完成了！

對於比較大的角度的測量，可以利用你大拇指上面那一節的長度（注意，用的是長度，不是寬度），把它彎曲和下面那一節成直角，手臂向前伸直。成年人的這段手指大約長 3.5 公分，從眼睛到彎曲的指節大約 55 公分，因此不難算出在這情形下的視角大約等於 4°。這個方法可以用來測出 4°（因此也能測出 8°）的視角。

下面還要介紹兩種你可以利用手指測量的角度，把手臂向前伸直：

①把中指和食指盡可能打開，這樣望去兩指端間的視角等於 7°～ 8°；②把拇指和食指打開到最大限度，把手臂向前伸直，這樣望去兩指端間的視角等於 15°～ 16°。這兩種方法所得到的確實數值，讀者不難自己測算出來。

上列幾種方法，可以在你郊遊的時候找到許多實用的機會。比如遠遠地看到一輛鐵路貨車，你把手臂伸直望去，恰好彎曲拇指上節的一半能夠把它全部遮住，這就是說，你看到這部貨車的視角大約等於 2°，那麼假如你已經知道了貨車的長度（一般大約是 6 公尺），你就可以毫不困難地算出你和它的距離：$6 \times 28 \approx 170$ 公尺。當然，這種測量法是不太精確的，但是終究比單憑眼力毫無根據地去估計更可靠些。

我們順便談一談可以不用任何工具，只憑自己的身體就地做出一個直角的方法。

假如你想經過某點向一個指定方向作一條垂線，那麼你可以站到這個點上，使你的視線恰好和這個方向平行，然後暫時保持頭部位置不動，把一隻手自然地伸向想作垂直線的方向。然後把伸直的手臂的拇指豎起來，再把頭轉過來，經過拇指向前望去，找出一個用

適當的眼睛（伸右臂的時候用右眼，伸左臂的時候用左眼）看去時恰好被大拇指所遮掩住的物體（例如石塊、小灌木叢等）。

現在，只要從你站立的地方向找出的物體作一直線，就是你要求的垂線了。這方法乍看似乎不可能得到很好的結果，但是在經過短時期的練習之後，你將會對這種「活的垂線測定儀」[3] 給予相當高的評價。

利用活的測角儀，還可以在沒有任何設備的情形下，測出星體和地平線所夾的高度角、測出各星體間距離的角度等。最後，在學會不用任何儀器就地做出直角之後，你還可以繪製任何的小塊地形平面圖。比如圖 68 就告訴你一個小湖的平面圖的做法：首先量出長方形 *ABCD*，然後量出由湖邊每個顯著方向改變的地點引到長方形邊上的垂線長度，以及這些垂線和長方形的邊的相交點到長方形頂點的距離。

如果你學會使用自己的兩手來測量角度（以及學會使用兩腳測量距離），那麼當你陷到魯濱遜的境遇中的時候，一定可以給你許多幫助。

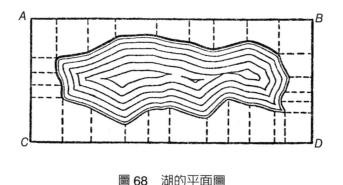

圖 68　湖的平面圖

3　垂線測定儀是測地工作者用來在地形上繪出垂線用的。

○3 3.7　雅科夫測角儀

　　如果你想要比方才的「活的測角儀」更精確的測量角度的儀器，可以自製一具最簡單而且使用方便的儀器，這種儀器是一位名叫雅科夫的古人所發明的，所以叫做雅科夫測角儀。這儀器一直到 18 世紀還被航海家們廣泛地使用著（圖 69），後來發明了更加便利準確的測角儀（六分儀），它才逐漸被淘汰了。

　　這種測角儀只有一根長 70 ～ 100 公分的木棒 $\overline{AB}$，和一根能夠在上面滑動的垂直棒 $\overline{CD}$，$\overline{CD}$ 棒上的 $\overline{CO}$ 和 $\overline{OD}$ 兩段長度相等。假如你想用這個測角儀測知兩顆星 S 和 S' 間的角距（圖 69 右），那就把測角儀的 A 端（為了觀察方便起見，可以裝一片鑽有小孔的鐵片）貼在眼睛前面向 S' 星瞄去，使棒的 B 端正好對著 S' 星；接著把 $\overline{CD}$ 棒沿 $\overline{AB}$ 棒前後移動，直到使 $\overline{CD}$ 棒的 C 端恰好把 S 星遮住。現在只要把 $\overline{AO}$ 的距離量出，因為 $\overline{CO}$ 的長度已知，

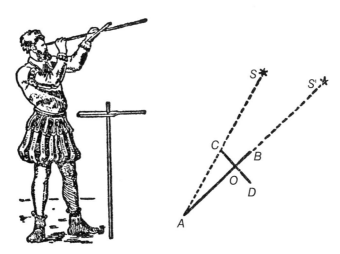

圖 69　雅科夫測角儀和它的用法

就可以算出 $\angle SAS'$ 的值。懂得三角學的人知道，$\angle SAS'$ 的半角的正切等於 $\dfrac{\overline{CO}}{\overline{AO}}$，在第五章也講了這方面的知識。你也可以先根據畢氏定理求出 $\overline{AC}$ 的長度，然後找出正弦是 $\dfrac{\overline{CO}}{\overline{AC}}$ 的角。

最後，你也可以用圖解法來求出這個角：在一張紙上用任意比例尺做出 $\triangle ACO$，然後用量角器量出 $\angle A$ 的度數來；假如沒有量角器，也還有一個補救方法——可以採用第五章「不用公式和函數表的行軍三角學」所介紹的方法。

這個測角儀上橫棒的另一端要用來做什麼呢？它是在被測的角度太小，不可能用剛才說的方法測量的時候用的。在這種情形下，不是用 $\overline{AB}$ 棒對準 S' 星，而是移動橫棒 $\overline{CD}$，使它的 D 端恰好對準 S' 星，C 端恰好也對準 S 星（圖 70）。接著用計算的方法或作圖的方法來找出 $\angle SAS$ 的大小，當然已經不是困難的事了。

為了避免每一次測量都得去計算或作圖，可以事先在製作這個測角儀的時候就把它們一一算出，將結果直接標註在 $\overline{AB}$ 棒上，那麼你只要把儀器向兩顆星星瞄準，就可以從 O 點所標的數讀出這個被測角的度數了。

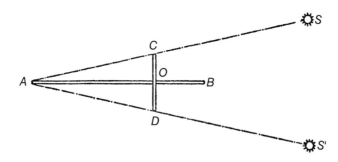

圖 70　使用雅科夫測角儀測量兩顆星間的距離

❽ *3.8*　釘耙測角儀

另外一種用來測量物體視角大小的測角儀，做起來還更簡單，叫做「釘耙測角儀」，它也的確很像一個釘耙（圖71）。這儀器的主要部分，是一塊任何形狀的木板，板的一端裝上一塊帶有一個小孔的鐵片，是用來放在眼前觀測的。板的另一端上釘有一排細長的大頭針（用來蒐集昆蟲標本的那種），這些針每兩枚之間的距離等於由它們到帶孔鐵片間距離的 $\frac{1}{57}$ [4]。根據前面講過的理由，從小孔望去，望到相鄰的兩枚大頭針之間的視角恰好等於 $1°$。大頭針的位置還可以用下面的方法釘得更精確一些：在牆上畫出兩條相距 1 公尺的平行直線，然後依垂直方向離牆退後 57 公尺，從鐵片上小孔望過去，每一對相鄰大頭針的位置，應該就在恰好能遮住牆上兩條直線的地方。

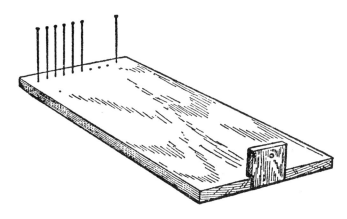

圖 71　釘耙測角儀

4　也可以不用大頭針，用有許多細線的木框來代替。

大頭針全部裝好以後，可以把一部分拿掉，使相鄰兩針構成視角 2°、3°、5° 等。至於這個測角儀的用法，讀者當然一目了然，不必多加解釋了。使用這種測角儀，可以相當精確地測出不小於 $\frac{1}{4}$° 的視角的大小。

☞ *3.9* 炮兵的測角儀

炮兵絕不是「盲目地」發射炮彈的。

他在知道了目標的高度後，就著手計算這個目標在地平線上的角度，並算出和目標間的距離。而有時卻是要計算為了將火力從一個目標轉移到另一個目標，應該把他的炮筒轉動多少角度。

像這一類題目，炮兵人員的計算是非常迅速的，而且都是使用心算的方式。他們怎樣做到的呢？

請看圖 72。圖中 $\overset{\frown}{AB}$ 是以 $\overline{OA}=D$ 作半徑的圓上的一段弧；$\overset{\frown}{A'B'}$ 是以 $\overline{OA'}=r$ 作半徑的圓上的一段弧。

從兩個相似的扇形 AOB 和 $A'OB'$，可以寫出下列比例式：

$$\frac{\overset{\frown}{AB}}{D}=\frac{\overset{\frown}{A'B'}}{r}$$

或

$$\overset{\frown}{AB}=\frac{\overset{\frown}{A'B'}}{r}D$$

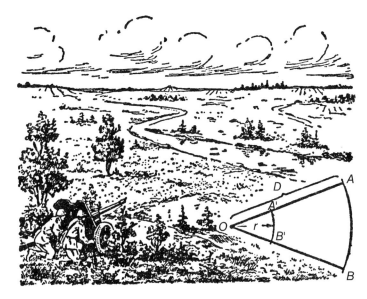

圖 72　炮兵測角儀簡圖

　　式中 $\dfrac{\overset{\frown}{A'B'}}{r}$ 表示視角 $\angle AOB$ 的大小，知道了這個比例值，就可以在 D 值已知的情形下算出 $\overset{\frown}{AB}$ 的值，或在 $\overset{\frown}{AB}$ 值已知的情形下算出 D 的值來。

　　炮兵們為了使計算簡化，他們不採用把圓周劃分成 360 等分的分度法，而把圓周劃分成 6000 等分，這時每一等分大約相當於半徑長度的 $\dfrac{1}{1000}$。

　　假設圖 72 中圓 O 的 $\overset{\frown}{A'B'}$ 弧是一個分割單位，那麼全圓周的長度 $2\pi r \approx 6r$，而弧長 $\overset{\frown}{A'B'} \approx \dfrac{6r}{6000} = \dfrac{1}{1000}r$。這個單位，炮兵術語上叫做一個「密位」，因此

$$\overset{\frown}{AB} \approx \frac{0.001r}{r}D \approx 0.001D$$

　　也就是說，想知道和測角儀中每一「密位」相當的 $\overset{\frown}{AB}$ 間的距離，只要把距離 D 的小數點向左移動三位就成了。

　　在用口語或電信下達命令、傳達觀測結果的時候，這種度數一般要以電話號碼的讀法讀出。例如 105「密位」讀作「一○五」，寫成「1—05」；8「密位」讀作「○○八」，寫成「0—08」。

　　現在，你可以很容易地解答下面這個題目了。

　　【題】從反坦克炮上望去，在 0—05 密位角下看到了一輛敵方坦克。試求坦克的距離，假定坦克高 2 公尺。

　　【解】測角儀 5 密位相當於 2 公尺，測角儀 1 密位相當於 $\frac{2}{5}$ =0.4 公尺。由於測角儀每一密位相當的弧長等於距離的千分之一，因此敵方坦克的距離是弧長的一千倍，就是

$$D=0.4\times1000=400公尺$$

　　假如指揮員或偵察員沒有任何測角儀器，那麼他可以利用他的手掌、手指或任何手中現成的東西（參看本書 3.6 節「活的測角儀」）。不過必須把測出的「值」換成「密位」，不能用普通的度數。

　　下面是幾種物體「密位」的近似數值：

手掌 ·· 1—20

中指、食指或無名指 ······································ 0—30

圓桿鉛筆（寬度）·· 0—12

五分的硬幣（直徑）·· 0—40

火柴長度 ·· 0—75

火柴寬度 ·· 0—03

∝ *3.10*　視覺的靈敏度

搞清楚了一個物體的角度大小之後，你就可以明白測驗視覺靈敏度（視力）的方法，而且甚至可以自行做一些測驗視力的實驗。

在一張紙上畫出 20 條相等的黑線，每線大約和一根火柴一樣長 5 公分、粗 1 毫米，使它們的總寬度和長度相等，成為一個正方形（圖 73）。把這張畫好黑線的紙貼在光線充足的白色牆壁上，然後你面向著這張紙，一步步向後退，一直退到覺得每兩根線已經重疊在一起，不能再逐一辨別，只看到一片模糊的灰色為止。把這個距離量出來，並且算出你已經不能辨別 1 毫米粗的線條的時候視角的值（你已經知道應該怎樣做了）。假如這個角度等於 1'，那就表示你的視力正常；假如等於 3'，表示你的視力只等於正常視力的三分之一，依此類推。

【題】如果你看到黑線在距離 2 公尺處混成了一片，無法逐一辨別，你的視力是否正常？

圖 73　視力測驗

【解】我們已經知道，對於 1 毫米寬度的線條，從 57 毫米的距離望去的視角是 1°，也就是 60'。

從距離 2000 毫米處向 1 毫米寬的線條望去的視角 x 的值可由下列比例式求出：

$$x : 60 = 57 : 2,000$$

$$x \approx 1.7'$$

因此，你的視力不夠正常，是正常情形的 $\frac{1}{1.7} \approx 0.6$ 倍。

⚘ 3.11　視力的極限

剛才我們說過，寬度小於 1' 的視角，對於一雙正常視力的眼睛將不能夠一一辨別。這個值對於任何物體都能適用，被觀察的物體無論有什麼樣的輪廓線條，如果看到的視角小於 1'，那就不可能被一雙正常的眼睛所辨別。物體在這種情形下看起來將是一個僅僅可辨的點，變成沒有了大小和形狀的塵埃了。一雙視力正常的眼睛，它的效能就是 1'，這就是平均視力的極限。至於為什麼會這樣，這個問題涉及物理學和生理學的視覺。這裡我們只談這個現象的幾何學的一面。

方才所說的一切，對於雖然很大卻距離極遠的物體，或者對於雖然距離很近卻極小的物體，都是一樣的。我們不能用普通的眼睛辨別在空中動盪的微塵，這些微塵被陽光照耀的時候，我們看到的只是一個個微細的同樣的小點，雖然事實上它們有各種不同的形狀。我們之所以不可能明晰地辨認昆蟲的細小肢體，也正是因為看這些微小東西的視角小於 1'。由於同樣的理由，在沒有望遠鏡幫助之下，我們不可能望見月球、行星以及其他星體上的

細微部分。

假如我們自然視力的界限能夠推遠一些，那麼呈現在我們面前的這個世界將和以前完全兩樣。視力極限不是 1'，而是比如說 $\frac{1}{2}'$ 的人，他所看到的世界將比我們看到的更深、更遠。像這樣的「千里眼」，在契訶夫的中篇小說《草原》中有著非常生動的描寫。

他（華夏）的眼睛非常尖。他看得那麼遠，因此，荒涼的棕色草原對他來說永遠充滿生命和內容。他只要往遠方一看，就瞧得見狐狸啦、野兔啦、野雁啦，或者別的遠遠躲開人的動物。看見一隻奔跑的野兔或者一隻飛翔的野雁，那是沒有什麼稀奇的——凡是走過草原的人都看見過；可是不見得人人都有本領看見那些不是奔逃躲藏，也不是在倉皇四顧，而是在過日常生活的野獸。華夏卻看得見玩耍的狐狸、用小爪子洗臉的野兔、啄翅膀上羽毛的大野雁、鑽出自己蛋殼的小野雁。由於眼睛尖，華夏除了大家所看見的這個世界以外，還有一個自己獨有、別人沒分的世界，那世界多半很美，因為每逢他看見什麼，看得入迷的時候，誰也不能不嫉妒他。

可是，難以令人想像的是，為了使你的眼力變得這麼尖，只需要把辨別能力的極限從 1' 降低到 $\frac{1}{2}'$ 或近似的值就可以了。

望遠鏡和顯微鏡的魔術般的作用，正是根據相同的原理。這兩種儀器的任務只是改變被觀測物體的光線的路徑，使這些光線能以比較大的角度進入人眼，因此物體就會有比較大的視角了。如果一台顯微鏡或望遠鏡是 100 倍，那就表示我們可以在它的幫助下，用 100

倍於肉眼所看到的視角去看物體。那時對於肉眼本是超出視力極限的細微物體，就可以被我們的視力所接受了。我們看到一輪滿月的視角是 30'，由於月球直徑大約是 3500 公里，那麼月球上每一個 $\frac{3500}{30}$ 就是約 120 公里長的地段，對於沒有使用任何光學儀器的眼睛，將成為一個僅僅可辨的黑點。但是如果透過 100 倍的望遠鏡去看，不可辨別的只有 $\frac{120}{100}$ =1.2 公里長的地段；如果所用望遠鏡有 1000 倍的放大能力，那麼月球上不可辨別的地段大小還可以減到 120 公尺。由此可知，假如月球上有像地球上一樣大的工廠或輪船，那麼我們就可以利用現代的望遠鏡看到它們 [5]。

　　視力的 1' 極限，對於我們日常生活中的觀測也有極大意義。由於我們視力的這個特點，使得任何一個物體，當它和我們的距離等於其大小的 3400 倍（就是 57×60）的時候，我們就無法辨別它的輪廓，變成一個點了。因此，假如有人對你說他曾在四分之一公里距離上用肉眼辨出了一個人的面孔，可以不必相信他，除非他有著超乎常人的視力。這是因為人類兩眼的距離一共只有 3 公分，也就是說，兩隻眼在 3×3400 公分，就是大約 100 公尺的距離就已經連成一個點了。炮兵們利用這種方法來幫助目測距離，按照他們的規定，假如看到遠處一個人的兩隻眼睛還是兩個分別的點，那麼他的距離就不超過 100 步（60～70 公尺）。而我們方才說的是 100 公尺，這表示軍人們的規定照顧了比較弱（大約低 30%）的視力。

　　【題】一個具有正常視力的人，假如他使用了放大三倍的望遠鏡，能不能夠辨認 10 公

5　　以上所說，只在假定我們四周大氣絕對澄清而且完全均勻的條件下是這樣。事實上空氣並不是完全均勻的，而且也不完全澄清，因此在高倍數放大的時候，所看到的圖像常常模糊並且被扭曲。這就使得高倍放大受到限制，天文學家只好把他們的天文台建造在高山頂上的清澈空氣中。

里外的騎馬的人？

　　【解】騎馬的人大約高 2.2 公尺，他的形體對於肉眼，會在 2.2×3400 ≈ 7 公里處變成一個點；使用了三倍望遠鏡後，變成一個點的距離是 7×3=21 公里。因此，在 10 公里距離處使用三倍望遠鏡可以辨認出這位騎馬的人（假如空氣相當清澈的話）。

☾ 3.12　地平線上的月亮和星星

　　任何一個最粗心的觀測者也會知道，一輪滿月，當它剛剛升起至地平線上的時候，顯然比高掛空中的時候大，這兩個大小相差很多，沒有人會注意不到這一點。對於太陽也有同樣的情形，太陽在初升和將落下的時候，要比它高掛在空中時，我們透過雲層（直接觀察沒有遮蔽的太陽是對眼睛有害的）所見到的來得大。

　　對於星星呢，這個特點表現在，當星星接近地平線的時候，各星星間的距離彷彿加大了。如果誰曾在冬天見過高掛在空中和接近地平線的獵戶座（或夏天的天鵝座），他不能不驚奇於同一星座在不同位置的大小竟有這麼大的出入。

　　而且更使人迷惑不解的是，我們在星星初升後或沒落前去看它們，它們不僅不會離我們特別近，甚至相反地離得更遠（遠出地球半徑的距離）。這一點從圖 74 可以看得很清楚：觀察頭頂上的星星時，我們的位置在 A；觀察地平線上的星星時，我們的位置在 B 或 C。那麼，為什麼月亮、太陽和星座在地平線上都會增大呢？

　　「這是因為實際上並沒有增大，」可以這樣回答。這是視覺上的欺騙，在釘耙測角儀或其他測角儀的幫助下，不難證明接近地平線和高掛空中的月亮面的視角是一樣的，都是

半度。利用釘耙測角儀或雅科夫測角儀，也同樣可以證明星和星間的角距離，無論它們是在頭頂的天空中或地平線上都沒有變動。因此，所謂「增大」，其實只是一種對任何人都不例外的光學錯覺罷了。

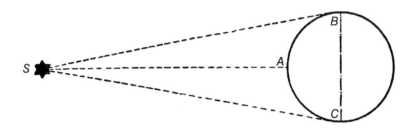

圖74　為什麼星體位在地平線上時比高掛在天空正中時離我們更遠？

怎樣解釋視力上這麼巨大而普遍的錯覺呢？根據我們所知，直到今天，科學還沒有給出最妥善的答案，雖然這問題是從托勒密的時代起，兩千年來就一直想要解答的。這個錯覺是和下面所說的一個看法有所關聯，就是整個天穹對我們顯示出的不是一個幾何學上的半球面，而是一個截球體，它的高度比底面半徑小，只有半徑的一半或三分之一。這是因為當頭部和兩眼都處在普通位置的時候，一切水平或接近水平方向上的距離，會使我們感覺比鉛直方向的距離大，在水平位置上，我們可以用「平視的眼光」來看物體，但是在一切其他位置上，卻要用抬高或放低的眼光去看。假如我們仰臥在地面上來看月亮，那麼情形就恰好相反，當月亮在天頂的時候，看來彷彿比它在地平線上的時候大[6]。因此，在心理

6　以前作者是這樣解釋月亮在地平線上的時候看起來比較大的原因：月亮在地平線上的時候，我們看見的不僅是月亮，還有遠處的其他物體，而在天頂的時候就只看見月亮而已。但是這種錯覺在沒有任何其他物體的海平面也觀察得到，所以以前提供的解釋是不能令人滿意的。

學家和生理學家的面前出現了一個問題，要求解釋爲什麼物體所見大小要取決於我們兩眼的觀察方向。

　　至於扁圓而非渾圓的天穹，對於各種不同位置上影響天體大小的原因，可以從圖 75 中看得很明白。在天穹上的月亮，無論它是高高掛在天頂（高度 90°），還是位在地平線上（高度 0°），視角都等於半度，但是我們的眼睛以爲月亮和我們的距離並不始終相同，當月亮高掛在天頂上，比它在地平線上離我們更近，因此我們認爲它的大小也不同，因爲在同一角度之內，在離中心點近的地方，可以容納得下的圓比離中心點遠的小。圖 75 左半部表示由於這個原因，各星星間的距離在接近地平線的時候彷彿加長了的情形——兩星間原本相同的角距，那時竟似乎不同了。

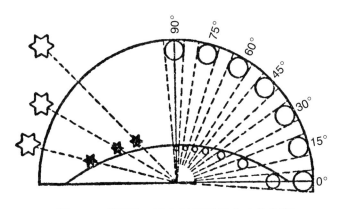

圖 75　「扁圓」天穹對天體視大小的影響

　　這裡面還有另一點值得研究。在欣賞地平線上一輪巨大月亮的時候，你可曾在它表面上發現當它高掛在空中時所沒有發現的，即使只是一個新的線紋或斑點？沒有。可是擺在

你面前的不是一個放大了的月面嗎？爲什麼看不見什麼新的事物呢？這是因爲這裡並不存在像望遠鏡中那種放大，也就是用來審視一個物體的視角並沒有放大。而月亮上新事物的發現，只有當這個視角增大才有可能，其他別種的「放大」都只是我們視覺上的一種錯覺，對於我們是毫無用處的[7]。

∞ 3.13 月亮影子和平流層氣球影子的長度

還有一種意想不到的可以利用視角來解決的問題，就是可以解答各種物體在空間所投陰影的長度。比如拿月亮來說，就有一個圓錐形的陰影投到宇宙空間，到處追隨著月亮，寸步不離。

那麼，這個陰影究竟拖得多長呢？

想要完成這個計算，不必從三角形的相似關係列出太陽和月亮的直徑以及它們兩者間距離的比例式，這個計算可以做得更加簡便。假設你的眼睛放在這個圓錐形陰影的終點、圓錐形的頂端，你從那裡向月球望去，將會看到什麼呢？看到的將是剛遮住了太陽的一個漆黑的月球。可以認爲我們看月球（或太陽）的視角在這種情況下正好等於半度。而我們已經知道，凡是以半度視角看到的物體，它和我們的距離是物體直徑的 $2 \times 57 = 114$ 倍。可見，月球的圓錐形陰影頂端距月球等於 114 個月球的直徑。因此，月球陰影的長度等於

$$3500 \times 114 \approx 400000 公里$$

結果，這個陰影比月球到地球的平均距離稍長，因此才有可能發生全日蝕（在落到這

7　詳細情況可參閱作者的《趣味物理學續篇》第九章。

個陰影裡面的地球表面上）。

那麼，地球在宇宙空間中投下的陰影究竟有多長呢？這並不難算出。設陰影圓錐頂端角也是半度，它比月亮陰影長的倍數等於地球直徑比月球直徑的倍數，也就是說，地球影長等於月球影長的 4 倍。

同樣，這種方法也適用於計算更小的物體在空間中的影子的長度。比如，我們要計算，當雲塊把平流層的氣球充脹成球狀的時候，該氣球投出的錐形的影子在空氣中延伸的距離。因為球狀的氣球的直徑為 36 公尺，所以其影子長度為（錐形影子頂端的角同樣為 0.5°）：$36 \times 114 \approx 4100$ 公尺，或者接近 4 公里。

當然，以上所說都指本影而不是半影。

∽ *3.14*　雲層離地面多高？

還記得嗎，當你第一次看到飛機在蔚藍色高空中留下一道長長的白煙的時候你有多驚愕？現在你當然已經知道這是飛機的一種「簽字」，是飛機在空中所遺留，表示它曾經到過的「紀念」罷了。

在冷而潮濕的、含塵埃很多的空氣中，容易形成霧。

飛行中的飛機不斷向外噴出微細的粒子 —— 這是引擎裡燃燒的產物，這些微細粒子恰好就是水蒸氣可以聚攏密集的地方，於是就形成了雲。

假如你在這朵雲還未消失之前把它的高度測出，那麼就可以知道這位英勇的飛行員的飛行高度了。

【題】要怎樣測定地面上一朵雲的高度，假如它不在你頭頂上的話？

【解】爲了測知最大的高度，得找普通的照相機來幫忙。這是一種相當複雜的裝置，但現在已經很普遍流行，並且爲廣大青年所喜愛。

對於我們這個題目，必須用兩架照相機來解決問題。這兩架照相機一定要有同樣的焦距，這可以從照相機的鏡頭上讀出。

首先，要把這兩架照相機分別裝在兩個高度大致相等的高處。

如果是在野外，可以利用三腳架；如果在城市裡，可以利用屋頂的平台。至於兩處間的距離，應該使站在每一處的測量者能夠用眼睛或望遠鏡望到另一處。

這個距離（基距）可以直接量出，或者根據地圖或地形平面圖算出。兩架照相機必須裝置得使它們的光軸互相平行。比如，可以把它們都瞄向天頂。

當被拍攝的雲進入照相機鏡頭所對的視野的時候，其中一個測量者就用信號（例如揮動手帕）通知另一個，兩人同時拍下照片。

印出的照片大小應嚴格地和底片相同，在照片上做出連接各相對兩邊中點的直線 $\overline{YY}$ 和 $\overline{XX}$（圖 76）。

然後，在每一張照片上選出雲中的一個共同點，量出它距 $\overline{YY}$ 直線和距 $\overline{XX}$ 直線各多少毫米。讓我們用 x_1、y_1 表示第一張照片上的這兩段距離，用 x_2、y_2 表示另一張照片上的這兩段距離。

假如選定的這個點，在一張照片上的位置是在 $\overline{YY}$ 直線的右側，在另一張照片上卻在左側（見圖 76），那麼，雲的高度 H 可由下式算出：

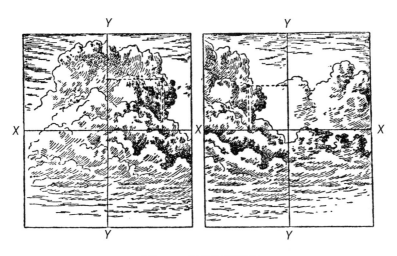

圖 76　雲的兩張照片

$$H = b \times \frac{F}{x_1 + x_2}$$

式中 b 是基距長度（以公尺計），F 是焦距（以毫米計）。

假如兩張照片上這個點都在 $\overline{YY}$ 線的同一側，那麼雲的高度可由下式計算：

$$H = b \times \frac{F}{x_1 - x_2}$$

至於 y_1 和 y_2 兩個距離，它們在計算雲高 H 的時候是用不到的，但是把它們相互比較一下，可以測出照片的精確程度。

假如這兩張照片的底片在底片匣中裝得嚴密而且對稱，那麼所拍出照片的 y_1 將和 y_2 相等。但是事實上它們總是略有出入的。

比如，假設照片中選定的點到 $\overline{YY}$ 和 $\overline{XX}$ 線的距離是：

$$x_1 = 32\text{毫米},\ y_1 = 29\text{毫米}$$
$$x_2 = 23\text{毫米},\ y_2 = 25\text{毫米}$$

鏡頭焦距 F=135 毫米，兩架照相機距離（基距）b=937 公尺。

照片表明，計算雲高應該採用下式：

$$H = b \times \frac{F}{x_1 + x_2}$$

$$H = 937 \times \frac{135}{32+23} \approx 2300\text{公尺}$$

就是所拍的那朵雲距離地面的高度大約是 2.3 公里。

讀者假如願意研究一下這個計算雲層高度公式的來源，可以參看圖 77。

圖 77 應該看成是表示空間的圖（關於空間的觀念是幾何學中所謂立體幾何的那一部分所研究的）。

圖中 I 和 II 表示兩張照片，F_1 和 F_2 是照相機物鏡的光心；N 是雲上被觀測的一點；N_1' 和 N_2' 是雲上 N 點在照片上的像；$\overline{A_1'A_1}$ 和 $\overline{A_2'A_2}$ 是從每張照片中心點向雲層平面作的鉛直線；$\overline{A_1A_2} = \overline{A_1'A_2'} = b$ 就是基距。

假如從光心 F_1 沿 $\overline{F_1A_1}$ 上移到 A_1，然後從 A_1 點和基距線平行地移到一點 C，這點要恰好是直角 $\angle A_1CN$ 的頂點，最後，從 C 點移到 N 點，這樣，線段 $\overline{F_1A_1}$、$\overline{A_1C}$ 和 $\overline{CN}$ 在照相機裡分別相當於 $\overline{F_1'A_1'} = F$（焦距）、$\overline{A_1'C_1'} = x_1$ 和 $\overline{C_1'N_1'} = y_1$。

對於另一架照相機也是同樣情形。

從三角形的相似，可得下列比例式：

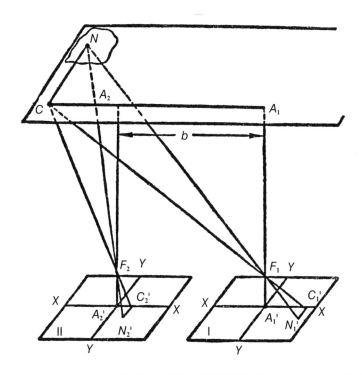

圖 77　兩架照相機向天頂方向拍攝所得雲層照片中某一點的圖解

$$\frac{\overline{A_1C}}{x_1}=\frac{\overline{A_1F_1}}{F}=\frac{\overline{CF_1}}{\overline{F_1C_1'}}=\frac{\overline{CN}}{y_1}$$

$$\frac{\overline{A_2C}}{x_2}=\frac{\overline{A_2F_2}}{F}=\frac{\overline{CF_2}}{\overline{F_2C_2'}}=\frac{\overline{CN}}{y_2}$$

把這兩個比例式比較一下，顯然 $\overline{A_2F_2}=\overline{A_1F_1}$，所以可得：

第一 $y_1 = y_2$（這表示照片是精確的）

第二 $$\frac{\overline{A_1C}}{x_1} = \frac{\overline{A_2C}}{x_2}$$

但是從圖中知道 $$\overline{A_2C} = \overline{A_1C} - b$$

因此 $$\frac{\overline{A_1C}}{x_1} = \frac{\overline{A_1C} - b}{x_2}$$

可知 $$\overline{A_1C} = b \times \frac{x_1}{x_1 - x_2}$$

最後可得 $$\overline{A_1F_1} = b \times \frac{F}{x_1 - x_2} \approx H$$

假如 N_1' 和 N_2'（N 點在照片上的像）位置在 $\overline{YY}$ 線的不同兩側，這表示 C 點位置在 A_1 和 A_2 兩點之間，那時 $\overline{A_2C} = b - \overline{A_1C}$，而要測的雲高應該是

$$H = b \times \frac{F}{x_1 + x_2}$$

這兩個公式，只在照相機的光軸瞄向天頂的時候選用。假如雲離天頂很遠，而且不落在照相機視界之內，可以把照相機裝在另一個位置，但要注意保持光軸平行，例如把它們水平地瞄去並且和基距保持垂直，或者沿著基距的方向。

對於照相機的每一個位置，必須事先做出適當的圖，並且推導計算雲高的公式。

比如在白天裡天上出現了許多略帶白色的羽毛似的高層雲，試每隔相當時間去量一量雲層的高度。假如覺得雲層正在向下沉落，這就是天氣變壞的徵兆，幾小時後必定有雨。

試拍下一個氣球或同溫層氣球的照片，然後計算它的高度。

𝒞𝔰 3.15　用照片計算塔高

【題】照相機不僅可以用來幫助測量雲層或飛機的高度，而且還可以用來幫助測量地上高大建築物如鐵塔、高架電線杆、崗樓等的高度。

圖 78 是一座風力引擎的照片，塔底呈正方形，經過直接的測量，得知每邊的長度等於 6 公尺。

請在照片上作必要量度後，算出這座風力引擎的高度。

【解】這張風力引擎的照片和它實際的形狀在幾何上彼此完全相似，因此照片上機架的高度大於底邊或對角線的倍數，和實際上機架大於底邊或對角線的倍數相同。

以下是量度照片所得結果：底邊對角線的長度是 23 毫米，全塔高度是 71 毫米。

已知機架底邊長 6 公尺，因此它的對角線等於

$$\sqrt{6^2+6^2}=6\sqrt{2}\approx 8.48公尺$$

因此

$$\frac{71}{23}=\frac{h}{8.48}$$

得到

$$h=\frac{71\times 8.48}{23}\approx 26公尺$$

當然，用來計算高度的照片必須和實物保持固定不變的比例才可以，否則，一旦比例被歪曲了（一般不高明攝影者所常有的情形），這種照片是不能用的。

圖 78　風力引擎

ℭ3.16　給你的練習題

下面各式各樣的題目，請讀者試著利用從本章中獲得的知識來解答。

1. 從遠處望一個中等身材的人（身高 1.7 公尺）時，視角是 12'。試求你們兩人的距離。

2. 從遠處看一個騎馬的人（高 2.2 公尺），視角是 9'。試求你們兩人的距離。

3. 以 22' 的視角望見遠處一根電線杆（高 8 公尺）。求兩者的距離。

4. 一座高 42 公尺的燈塔，從一艘海船上望去的視角是 1°10'。問船距燈塔多遠？

5. 從月球上望向地球，視角是 1°54'，求月球到地球間的距離。

6. 從 2000 公尺處望見一座大廈，視角是 12'。求大廈的高度。

7. 人們從地球向月球望去的視角是 30'。已知這時候兩者之間的距離等於 380000 公里，求月球的直徑。

8. 教師在黑板上寫字，究竟要寫得多大，才能使學生望去像看和他們相距 25 公分的書桌上的課本字跡一樣清楚？假設學生的座位到黑板的距離是 5 公尺。

9. 一架 50 倍的顯微鏡，假如用它來審視直徑 0.007 毫米的人體血球，是否可以辨別清楚？

10. 假設月球上有和我們身材一樣高的人，如果想從地球上清楚地辨別他們，需要能放大多少倍的望遠鏡？

11. 每一度中有多少「密位」？

12. 每一「密位」中有多少度？

13. 一架飛機在和我們作觀測的方向垂直的方向飛行，在 10 秒鐘裡飛過了 300「密位」的角度。假如它離你 2000 公尺，求飛機的速度。

路上的幾何學

第 **4** 章

Geometry

$a + b = c$
$c > 0$

∞ *4.1* 步測距離的本領

當你在郊外沿鐵路或公路上散步的時候，可以去嘗試許多有趣的幾何學思考。

首先，你可以利用公路來測定你自己每一步的長度和走路的速度。這樣做可以使你將來隨時能用你的腳步去測量一段距離的長短，只要練習幾次以後，就可以熟練了。這裡最重要的一點是要學會總能以同樣大小的腳步行進，也就是保持「步伐」的均勻。

公路上每隔 100 公尺常常有一塊里程碑，試用正常的步伐走完這 100 公尺，並且數出所走步數，你就可以很容易算出每一步的平均長度。這種測量應該每年重複一次，比如每年春天測定一次，因為每一個人（特別是年輕人）的步長並非固定不變。

根據無數次的測驗結果，我們要指出一個很有趣的比率：一個普通成年人的步長，平均長度大約等於其眼睛離地面高度的一半。舉例來說，如果一個人到眼睛的高度是 140 公分，那麼他的腳步長大約等於 70 公分。這條規則，假如你有興趣的話，不妨自己驗證一下。

除了腳步長度之外，知道自己走路的速度每小時能走幾公里也很有用。關於這個問題，有時可以利用下列法則：我們每小時所走公里數恰好和三秒鐘裡走的步數相同，假如在三秒鐘裡我們走了 4 步，那麼就是說我們每小時可以走 4 公里。但這條法則只有當腳步長度在某個限度以內的情況下才可以應用。當然這個腳步長度是不難計算出來的，把步長的公尺數用 x 表示，把三秒鐘裡走的步數用 n 表示，得出方程式：

$$\frac{3600}{3} \times nx = n \times 1000$$

因此
$$1200x = 1000$$

得到 $$x=\frac{5}{6}公尺$$

　　就是約 80～85 公分。這是相當大的腳步了，只有身材高的人才能走出這麼大的腳步來。假如你的步長不是 80～85 公分，那麼你就只好用另一種方法來測知你的走路速度，比如利用一隻錶計算走完兩個路標之間的距離所花的時間。

❀ 4.2　目測法

　　測量距離，除了使用卷尺或步測法之外，如果學會直接用眼睛估計出距離的遠近（目測法），那是很愉快而又很有用的事。這種目測能力只能在練習中逐漸養成，在我求學的時期裡，和一群同學參加夏季郊遊的時候，是時常做這種練習的。我們把這種練習當做自己發明的一種特殊競賽，比賽目測的精確度。我們只要一走上公路，就馬上用眼睛盯住遠處一棵大樹或是其他物體，於是競賽就開始了。

　　「到那棵大樹要走多少步？」參賽者中的一個問道。

　　其他的人說出自己所估計的數字，然後一起數步數，看誰估計的數字最接近真正的步數，那就是誰勝，輪到他來指定再測的目標物。

　　每一次誰估計的距離最準，誰就得一分。十次之後，計算每人所得的分數，得分最多的人就是這次競賽的優勝者。

　　我還記得，起初大家估計的數字，和實際距離有極大的出入。但是，比你所想像的更快地，我們就熟習了這種目測距離的技術，測出的誤差和實際距離相差非常有限。只有當

測量的地形顯著改變的情形下，例如從曠野中走入稀疏樹林或有灌木叢的草原，或是回到了灰塵瀰漫的狹小街道，或是在月色迷濛的夜晚，我們才會發生比較大的誤差，可是到了後來，我們竟學會在任何條件下都能目測得相當準確了。最後，我們這個小組目測距離的能力已經達到很高的水準，終於不得不放棄這個競賽，因為每一個人都能測得一樣準確，競賽也就失去樂趣了。可是我們每個人都訓練出了一雙好眼睛，擁有很好的目測能力，使我們往後在郊外旅行時解決了許多問題。

有趣的是，目測的能力和每個人的視力完全無關。在我們那個小組裡，有一個患近視的孩子，他目測距離的精確度不僅沒有落後別的同學，反而時常成為競賽中的優勝者。相反地，另一個視力完全正常的孩子，卻無論如何都沒有辦法很準確地用目測法估計距離。後來，我發現用目測法來估計樹的高度，情況也完全相同。我在和大學裡的學生們練習目測高度的時候（這已經不是為了遊戲，而是為了日後工作上的需要）發現近視眼的同學們在這方面的表現絲毫不比視力正常的人差。這點可以使患近視的朋友放心，即使你的視力不好，仍然可以訓練它，使它具有相當精確的目測能力。

估計一段距離遠近的目測練習，可以在任何季節、任何情況下舉行。在馬路上走著，你可以對自己提出許多目測的練習題，例如估計前面的路燈或其他物體的距離。如果是在不好的天氣中，那麼這種練習更可使你在寂無一人的馬路上消磨掉這段路上的時間。

軍人們對於目測距離是非常重視的，任何一個優秀的偵察員、射手、炮手，都需要有良好的目測能力。因此，能夠知道一些他們在實際目測的時候用的方法，那當然很有好處。下面是節錄自炮兵教學的幾段。

目測距離可以根據所看到的物體在不同距離上的清晰程度來判斷，或根據眼睛所習慣的在 100～200 步內距離越遠的物體顯得越小這一特點來判斷。根據所望見物體的清晰程度來判斷距離，應該注意下列事項：所有受到光線良好照射或顏色比起附近地形或水面特別鮮明的物體、位置高過其他物體的物體，以及成群成組的物體比之個別的物體，總之一句話，一切比較突出的物體，似乎都顯得大些。

下列資料可以作為標誌：50 步內，可以清楚地望見人的兩眼和嘴巴；100 步內，人的兩眼望起來就像一對小黑點；200 步，軍服上的鈕扣和小東西還可以辨認；300 步，可以辨別人的面孔；400 步，可以辨認人邁步；500 步，可以辨別制服的顏色。

根據上面這些，一雙視力最好的眼睛目測的距離可能有 10% 左右的誤差。

可是，在某些情形下目測的誤差可以很大。第一，當你在完全同一顏色的平坦地面上，比如在河流或湖泊的平靜水面上、在沙地上、在原野上目測距離，看起來似乎總是比實際上小些，目測結果時常會發生一倍的誤差，有時也許更多。第二，當你要測的物體下部被鐵路路基、小丘陵、建築物或某種高起物阻擋的時候，也很容易發生很大的誤差。在這種情況，我們會不由自主地認為物體的位置是在這個高物之上，而不是在它的後面，因此測出的距離也比實際距離小（圖 79 和圖 80）。

在上面所說的情形之下，使用目測法測定距離是很靠不住的，因此必須採用其他前面已經談過的或後面還會繼續談到的測距方法。

圖 79　丘陵後面的一棵樹，看起來很近　　圖 80　你爬上丘陵頂端後，發現還得走許多路才
　　　　　　　　　　　　　　　　　　　　　　　　能到達這棵大樹

∞ 4.3　坡度

　　沿著鐵路路基走去，你不僅會看到指示公里數的里程碑，還可以看到一些斜釘在矮柱上的小牌子，上面寫著些令人不解的數字，如圖 81 所示那樣。

　　這是「坡度標誌」。例如圖 81 中左邊的牌子，橫線上面的數字是 0.002，這表示鐵路在這一段上的坡度等於 0.002，就是在這一段路中，鐵軌每 1000 毫米升高（或降低）2 毫米，

至於向哪一面傾斜，是由牌子傾斜的方向表示。橫線下面的數字 140 是表示在這一段鐵路線上 140 公尺的距離內保持這一個坡度，在這個距離的盡頭可以看到另一個表明新坡度的牌子。圖中右邊的牌子上面寫著 $\frac{0.006}{55}$，這表示在最近 55 公尺的一段距離中，鐵軌每公尺升高（或降低）6 毫米。

知道了表示坡度的符號，你就可以很容易地算出兩個坡度牌之間鐵軌的高度差。對於圖中左邊的牌，高度差等於

$$0.002 \times 140 = 0.28 公尺$$

對於右邊的牌，高度差是

$$0.006 \times 55 = 0.33 公尺$$

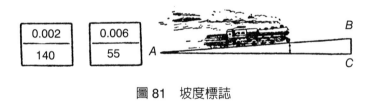

圖 81　坡度標誌

這裡你可以看到，在鐵路上，路基坡度的大小不是用度來計算的。但是我們很容易把它變成度數。假定 $\overline{AB}$（圖 81）是鐵軌，$\overline{BC}$ 是 A、B 兩點間的高度差，那麼，鐵軌 $\overline{AB}$ 對水平線 $\overline{AC}$ 的坡度就是牌上所表示的比式。$\angle A$ 很小，可以把 $\overline{AB}$ 和 $\overline{AC}$ 看做一個圓周的半徑，$\overline{BC}$ 可以看做這個圓的一段弧[1]。知道了 $\frac{\overline{BC}}{\overline{AB}}$ 的值，$\angle A$ 的計算就沒有絲毫困難。

1　也許會有人覺得把坡長 $\overline{AB}$ 看做和 $\overline{AC}$ 相等是不對的，那麼讓我們來看一看，比如當 $\overline{BC}$ 只等於 $\overline{AB}$ 的 0.01

比如，對於 0.002 的坡度，可以這樣思考：當弧長等於半徑的 $\frac{1}{57}$ 的時候，這角是 1°；那麼，半徑的 0.002 的弧長，相當於一個什麼角度呢？從下面的比例式可以求出它的值 x。

$$x : 1° = 0.002 : \frac{1}{57}$$

所以

$$x = 0.002 \times 57 = 0.11°$$

就是約 7'。

鐵路線上只允許有極小角度的坡度，一般鐵路上，坡度的最大極限是 0.008。如果換算成度數，那等於 0.008×57 也就是稍低於 $\frac{1}{2}$°，這半度就是鐵路坡度的極限。有些地方的鐵路由於地形關係，坡度極限有改成 0.025 的，如果換算成度數，那麼這個坡度極限也不過在 $1\frac{1}{2}$° 左右。

像這樣有限的坡度，對於我們是完全無法覺察到的。一個步行的人，只在他腳下路面的坡度超過 $\frac{1}{24}$ 的時候才開始有感覺，這個坡度如果換算成度數是 $\frac{57}{24}$°，也就是大約等於 $2\frac{1}{2}$°。

倍的時候，$\overline{AC}$ 和 $\overline{AB}$ 兩個長度的差是多麼微小。根據勾股定理：

$$\overline{AC} = \sqrt{\overline{AB}^2 - \left(\frac{\overline{AB}}{100}\right)^2} = \sqrt{0.9999\,\overline{AB}^2} \approx 0.99995\,\overline{AB}$$

兩個長度的差只有 $\overline{AB}$ 的 0.00005，這麼小的誤差，對於近似值的計算，當然是可以忽略的。

　　如果你沿著鐵路走上幾公里，從起點到終點把一路上的坡度標誌都抄了下來，那麼就可以計算出你所走的這一段路中總共升高或降低多少，就是起點和終點間地面的高度差。

　　【題】你沿鐵路散步，從一塊上面標出升高 $\frac{0.004}{153}$ 的坡度標誌牌處開始，沿途一共經過下列各標誌牌：

平 [2]	升	升	平	降
$\frac{0.000}{60}$	$\frac{0.0017}{84}$	$\frac{0.0032}{121}$	$\frac{0.000}{45}$	$\frac{0.004}{210}$

　　你的散步依序走過這些標誌牌，在走完最後一塊牌標示的坡度以後結束。請問你一共走了多少路，起點和終點間地面高度差是多少？

　　【解】總共走的路程是：

$$153+60+84+121+45+210=673公尺$$

你升高的高度：

$$0.004\times153+0.0017\times84+0.0032\times121\approx1.14公尺$$

降低的高度：

$$0.004\times210=0.84公尺$$

因此，終點比起點的位置升高了：

$$1.14-0.84=0.3公尺=30公分$$

2　0.000 表示這一段路面沒有升降。

∞ 4.4　一堆碎石

公路旁邊一堆堆的碎石子，也能引起我們這些「戶外的幾何學家們」的注意。你問面前這堆碎石體積有多大，就是給自己提出了一個幾何學上的題目，而且對於只習慣在紙上或黑板上解決數學難題的人，這是一個相當費腦筋的問題。這裡要計算的是一個圓錐體的體積，而它的高和底面半徑卻是無法直接量出來的。但是我們並不難用間接的方法來測知它們的值。

首先，你用皮尺或繩子量出底面積的圓周長，然後把它用 6.28（2π）來除[3]，就求得了半徑。

求高的問題比較麻煩一些，必須先量出側高 $\overline{AB}$（圖 82），或是像一般道路工人們的做法那樣，一次量出兩邊的側高線 ABC（把皮尺或繩子繞過頂點量），然後由已知底面半徑，可以利用畢氏定理求出 $\overline{BD}$ 來。

下面我們來做一個計算題。

【題】一座堆成圓錐形的碎石，底面圓周長 12.1 公尺，兩邊的側高線總長 4.6 公尺，求石堆體積。

【解】碎石堆底面半徑等於：

$$12.1 \times 0.159（代替 12.1 \div 6.28）\approx 1.9 公尺$$

高等於

3　在實用上，為了計算方便起見，在計算直徑的時候，這個除法常改成用除數的倒數 0.318 來乘，而計算半徑的時候，就用 0.159 來乘。

$$\sqrt{2.3^2 - 1.9^2} \approx 1.2 公尺$$

因此，這堆碎石的體積是

$$\frac{1}{3} \times 3.14 \times 1.9^2 \times 1.2 \approx 4.8 立方公尺$$

根據以前的公路標準，我們公路上的碎石堆的體積通常為 $\frac{1}{2}$、$\frac{1}{4}$ 和 $\frac{1}{8}$ 立方俄丈，用公尺制單位換算就是 4.8、2.4 和 1.2 立方公尺。

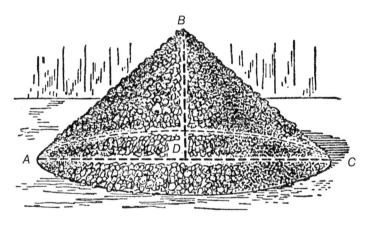

圖 82 一堆碎石的題目

○8 4.5 「驕傲的土丘」

當我看到一堆碎石或是一堆沙的時候，不由得想起了普希金所寫的敘述東方民族故事的詩劇《吝嗇的騎士》中的一段：

我曾在一個什麼地方讀到過，

一位國王有一次命令他的軍隊

每人抓一把土來堆成一個土丘，

於是，驕傲的土丘聳立起來了，

國王可以從它的高處愉快地望見

被白色天幕覆蓋著的山谷，

和那疾駛著輪船的海洋。

　　這是那些看來彷彿真實但事實上卻沒有半點真實性的眾多傳說中的一個。我們可以用幾何的計算來證明，假如有一位古人想要實現這個意圖，他一定會為結果的悲慘而沮喪，在他的面前一共只能堆起一個可憐的小土堆，小到任何幻想家都無法把它誇張成為傳說中「驕傲的土丘」。

　　讓我們做一個概略的計算。古時候的一位國王會有多少兵呢？那時候軍隊的數目是不像現在這麼多的，有十萬兵馬的軍隊已經是一支了不起的大軍了。好，我們就用這個數字，假設這個土丘是由 100000 把土堆積成的。你試去盡量抓一大把土，撒到一個玻璃杯裡，你將會看見，一把土無論如何都不可能把整個杯子裝滿。我們假定古時的兵士每人抓一把土的體積等於 $\frac{1}{5}$ 升（1 升等於 1000 立方公分），這樣就可以計算出土堆的體積：

$$\frac{1}{5} \times 100000 = 20000 升 = 20 立方公尺$$

　　這就是說，這個土丘所形成的圓錐體的體積不超過 20 立方公尺。像這樣有限的體積已

經令人失望，但是我們還要繼續計算下去，來求出土丘的高度。為了計算出圓錐體的高度，必須知道側高和底面所成的角度。這裡可以採用自然形成的堆角也就是 45°，更大的斜度是不允許的，因為土會向下滑落（更合理的是應該採用更平的傾斜角）。這樣，就可以決定這個圓錐形的高等於它底面的半徑，因此

$$20 = \frac{\pi x^3}{3}$$

得出
$$\sqrt[3]{60/\pi} \approx 2.7 公尺$$

一個 2.7 公尺高（人體高度的一倍半）的土丘，要把它想像成一個「驕傲的土丘」，是必須具有超乎常人的想像力的。假如我們把土堆傾斜角的值取小一點（土堆堆得扁平些），那麼，得到的結果就更加可憐了。

古代擁兵很多的阿提勒王，據歷史學家的估計，他一共擁有 70 萬大軍。假如這支大軍全數參與堆築這個土丘，那麼所築成的土堆將比方才計算出的高度略高一些，但是也高不了多少。由於它的體積大到前一個的 7 倍，高度只高到 $\sqrt[3]{7}$ 倍，就是大約 1.9 倍，因此這個土丘的高度是

$$2.7 \times 1.9 \approx 5.1 公尺$$

這樣高的一個土丘，對於這位追求虛榮的阿提勒王來說，恐怕也是不會滿意的。

從這些不高的高峰上，當然能夠看見「被白色天幕覆蓋著的山谷」，但是想要看到海洋，卻恐怕只有當這座土丘離岸邊很近的時候才有可能了。

至於從不同的高度上能夠望到多遠，我們將在第六章中敘述。

◌ 4.6　公路轉彎的地方

　　無論鐵路還是公路，在轉彎的時候，都是用彎度不大的曲線緩緩地轉，而不是以一個急劇的角度突然改變方向的。這轉彎處的曲線，通常恰好是和這段路兩端直線部分相切的圓的一段弧線。

　　例如在圖 83 中，公路的 $\overline{AB}$ 和 $\overline{CD}$ 兩段直線部分跟轉彎的弧線 $\overset{\frown}{BC}$ 是分別在 B 點和 C 點相切而連接起來的，也就是說，$\overline{AB}$ 跟半徑 $\overline{OB}$ 構成直角，$\overline{CD}$ 跟半徑 $\overline{OC}$ 構成直角。這樣的做法，當然是為了使路線圓滑而緩和地由直線方向轉成曲線方向，再由曲線方向轉回直線方向。

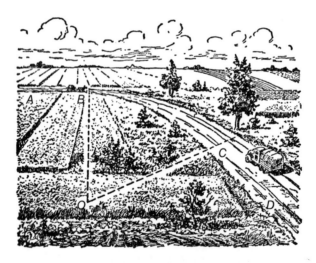

圖 83　公路的轉彎

道路轉彎處的半徑一般都很大，鐵路上的彎路半徑不小於 600 公尺，在主要鐵路幹線，最常見的彎路半徑是 1000 公尺甚至 2000 公尺。

☾ *4.7* 彎路半徑

假如你現在站在這樣的公路轉彎處附近，你能不能測量出它的半徑呢？

這不像求那畫在紙上的弧線半徑那麼方便。在圖上做起來很簡單：只要作出兩條任意的弦，從它們的中點各作一條垂線，兩條垂線的交點就是這段圓弧的中心，從這個點到曲線上任何一點的長度就是所求的半徑長度了。

但是，在實地上想要這樣作圖當然很不方便，因為道路曲線的中心遠在這個轉彎處 1～2 公里以外，常常無法到達。當然，我們也可以把題目畫到紙上然後求解，但是要把這段彎路的曲線畫到圖上，也並不是一件簡單的工作。

假如我們不用製圖的方法，而直接計算半徑，這一切困難就都迎刃而解了。可以採用接下來的方法。設想把這段 $\overarc{AB}$ 圓弧繪成一個完整的圓形（圖 84），把弧線上任兩點 C 和 D 連接起來，量出弦 $\overline{CD}$ 的長度，以及「矢」$\overline{EF}$ 的長度（就是弓形 CED 的高）。有了這兩個資料，就不難算出所求的半徑長度了。我們把 $\overline{CD}$ 和圓的直徑看成相交的兩條弦，用 a 表示 $\overline{CD}$ 弦的長度，用 h 表示 $\overline{EF}$ 矢的長度，用 R 表示半徑，就得到：

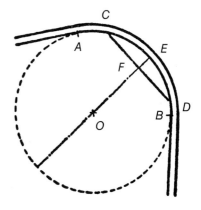

圖 84 彎路半徑計算

$$\frac{a^2}{4}=h(2R-h)$$

也就是

$$\frac{a^2}{4}=2Rh-h^2$$

因此，所求的半徑是 [4]

$$R=\frac{a^2+4h^2}{8h}$$

例如，當矢長 0.5 公尺的時候，弦長 48 公尺，那麼所求的半徑長度是：

$$R=\frac{48^2+4\times0.5^2}{8\times0.5}\approx580\ 公尺$$

上列算式還可設法簡化，假如把 $2R-h$ 用 $2R$ 來代替的話，這樣做在實際工作上是沒有問題的，因為 h 和 R 相比總是很小（R 經常是幾百公尺計，而 h 只有幾公尺），那就可以得出一個非常簡便的近似計算公式：

$$R=\frac{a^2}{8h}$$

把這個公式用到方才的例題中，得到完全相同的值：

$$R\approx580$$

半徑的長度計算出來之後，再知道彎路曲線的圓心是位在通過弦的中點的垂線上，你就可以大約地找出這段彎路曲線的圓心所在地。

4　這個式子也可以由直角三角形 $\triangle\ COF$ 得出，這裡 $\overline{OC}=R$，$\overline{CF}=\frac{a}{2}$，$\overline{OF}=R-h$。根據勾股定理可得

$$R^2=(R-h)^2+\left(\frac{a}{2}\right)^2,$$

就是 $R^2=R^2-2Rh+h^2+\frac{a^2}{4}$，$R=\frac{a^2+4h^2}{8h}$。

假如路上已經鋪有鐵軌，那計算彎路半徑就更加簡單。事實上，你只要把一條繩子拉直，使它和內側的鐵軌相切，就可以得到外側軌道的一條弦，它的矢長 h（圖 85）恰是兩軌間的距離。假設這種規格的軌距是 1.52 公尺，在這種情形下，彎路曲線的半徑（假如 a 是弦長）大約等於

$$R = \frac{a^2}{8 \times 1.52} = \frac{a^2}{12.2}$$

如果 a=120 公尺，彎路曲線的半徑長度約為 1200 公尺[5]。

圖 85　鐵路彎路半徑計算法

5　在實用上，這個測量方法有一個不方便之處，就是在測量轉彎很長的地方時，需要用的繩子太長。

❀ 4.8　談談洋底

　　從鐵路轉彎一下子跳到洋底，好像太出人意料，讀者無論如何是不會一下子就了解的。但是，在幾何學上這兩個問題竟然聯繫得非常密切而又自然。

　　這裡要談的是洋底的彎度，要談洋底究竟是什麼形狀——凹的、平的、還是凸起的？許多人一定會覺得奇怪，這麼深的大洋，它在地面上的形狀居然不會是凹下的，但是我們馬上就可以看到，洋底不但不是凹下的，甚至還是向上凸起的。我們認為大洋「無底又無邊」，卻時常忘記它的「無邊」程度遠比它的「無底」程度大幾百倍，換句話說，就是大洋實際上是擴展到很大面積的一層水，這層水自然也隨著地球的球面略呈彎曲。

　　拿大西洋來做一個例子。它的寬度在近赤道的地方大約占赤道整周的六分之一。假設圖 86 中的圓周表示赤道，圖中的 $\overarc{ACB}$ 弧線就代表大西洋的洋面。假如它是平底的，它的深度就等於 $\overline{CD}$，弧 $\overarc{ACB}$ 的矢長。我們知道弧線 $\overarc{AB}$ 等於全圓周的 $\frac{1}{6}$，因此弦 $\overline{AB}$ 實際上就是一個內切正六邊形的一邊，而大家都知道這個長度等於圓的半徑，因此我們可以利用前節求出的計算彎路半徑的公式來算出 $\overline{CD}$ 的值：

$$R=\frac{a^2}{8h}$$

得到

$$h=\frac{a^2}{8R}$$

已知 $a=R$，因此

$$h=\frac{R}{8}$$

地球半徑 R=6400 公里，得出：h=800 公里。

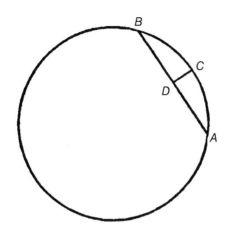

圖 86　洋底是平的嗎？

　　從上列計算可知，假如大西洋的底是平的，那麼它的最大深度就應該是 800 公里，但是事實上它的最大深度還不到 10 公里。從這裡可以得出結論：大西洋的底面是呈凸起形的，只是凸起程度比它的水面略小一些罷了。

　　這個論證對於其他大洋也都同樣適用，它們的洋底在地球表面上成為彎曲度略小的凸面，幾乎沒有破壞它，整體來說還是球形。

　　計算道路轉彎處半徑的公式告訴我們，水面越寬，它的底也就越凸起。對照 $h=\dfrac{a^2}{8R}$ 這個公式，我們立刻可以看到，隨著海面或洋面的寬度 a 增加，它的深度 h（假如底是平面的話）應該增加得非常快，會和寬度 a 的平方成比例增加。但是，實際上從一個狹小的海面來到一個寬闊的洋面，它的深度的增加並不這麼急驟。假設一個洋面比一個海面寬 100 倍，那麼它們的深度絕沒有增加到 $100 \times 100 = 10000$ 倍。因此，海面比較小的海底比大洋的底

更平。拿黑海來說，它在克里米亞和小亞細亞之間的海底就不像洋底那樣凸起，甚至也不是平面的，而略呈凹下。黑海的水面大約形成一個 2°（更確切地說，應該是地球圓周的 $\frac{1}{170}$）的弧線，黑海的深度相當均勻，大約是 2.2 公里。把這個弧線和弦相比，可知如果這個海的底是平的，它的最大深度將是

$$h=\frac{40000^2}{170^2 \times 8R}=1.1 \text{公里}$$

由此可以知道，黑海的海底果然比從相對的兩岸拉起的那條直線低 1 公里（2.2 － 1.1）左右，換句話說，這個海底果然是凹的，而不是凸起的。

❀ 4.9　世界上有「水山」嗎？

前面已證明的那個計算鐵路轉彎的公式會幫助我們解答這個問題。

事實上，上一節的題目已經給了我們準確的答案。「水山」是存在的，只是所謂存在，應該從幾何學而不是從物理學的角度去理解。每一個海，甚至每一個湖，事實上在某種程度上都可以算是一座「水山」。你站在湖邊的時候，你和對岸某一點間就存在著一個水的凸面，湖面越寬，這個凸起的高度也越大。凸起面的高度可以從 $R=\frac{a^2}{8h}$ 式中求出，矢長的值 $h=\frac{a^2}{8R}$。式中 a 是兩岸的直線距離，這個距離可以用來做為湖的寬度。假設湖的寬度是 100 公里，那「水山」的高度將是 $h=\frac{10000}{8 \times 6400} \approx 200$ 公尺。

這座「水山」多麼高呀！

即使是一個只有 10 公里寬的湖，它的「山峰」也會高出兩岸間的直線 2 公尺之多，比一個人還高一點。

可是，我們把這水面的凸起叫做「水山」對不對呢？

在物理學的意義上這當然是不對的，它們沒有高出水平面以上，那麼這就只是一片「平原」。如果認為兩岸間的直線 $\overline{AB}$（圖 87）是水平線（從站在 A 點的人看來），而 $\overparen{ACB}$ 弧高出這條水平線，那就錯了。這裡的水平線不是 $\overline{AB}$，而是和靜止水面相合的 $\overparen{ACB}$。至於 $\overline{ADB}$ 線實際上是一條傾斜的線，$\overline{AD}$ 斜向「落入」地面以下，一直到 D 點，到這條斜線的最深點，然後「向上升起」，在 B 點重新走出地（或水）面。如果我們沿 $\overline{AB}$ 直線修一條管子，那麼

圖 87　水山

把一個鐵球放進 A 點，然後由於慣性作用繼續滾到 B 點的話，在 B 點並不可能停住，它又滑回 D 點，衝到 A 點，然後又滑了回去，這樣一來一去地滾動。假如這條管子內壁和這個鐵球都做得異常光滑，毫無摩擦阻力，而且假如管子裡沒有一點空氣，那麼這個球將永遠在管子裡滾來滾去了。

因此，雖然 $\overset{\frown}{ACB}$（圖 87）在眼睛的感覺上好像是一座「山」，但是在物理學的意義上，這裡實際只是一片「平地」。假如你願意說這是一座「冰山」，它也只是在幾何學的意義上存在。

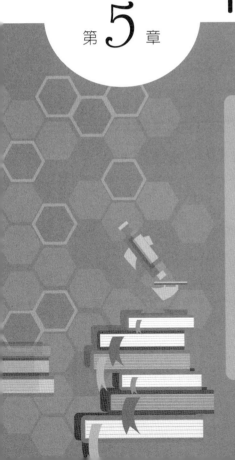

不用公式和函數表的
行軍三角學

❀ *5.1* 正弦的計算

在這一章中，要告訴你怎樣可以僅利用正弦函數的概念，就能夠不用公式和函數表來算出任何一個三角形的邊長精確到誤差不超過 2%，且它的內角精確到 1°。在你郊外旅行的時候，沒有隨身攜帶函數表，而計算的公式又忘掉大半，這種簡化三角學就會很有用處。比如魯濱遜，他在島上就可以利用這種三角學來解決許多問題。

好，現在假設你是一個完全沒有學過三角學或雖然學過但已經忘得乾乾淨淨的人，讓我們從頭開始。什麼是直角三角形中一個銳角的正弦函數呢？就是這個銳角的對邊跟這個三角形的弦的長度的比。例如，α 角的正弦函數（圖 88）是 $\dfrac{\overline{BC}}{\overline{AB}}$，或 $\dfrac{\overline{ED}}{\overline{AD}}$，或 $\dfrac{\overline{D'E'}}{\overline{AD'}}$，或 $\dfrac{\overline{B'C'}}{\overline{AC'}}$。從相似三角形關係不難看出，這些比值是彼此相等的。

從 1° 到 90° 各個角度的正弦函數值各是多少呢？手頭沒有函數表，要怎樣才能知道它們呢？這非常簡單：可以自己編出一個正弦函數表。我們現在就來說明這個方法。

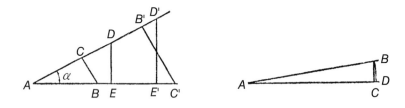

圖 88　什麼叫做一個銳角的正弦函數？

我們先從幾何學中已經知道它的正弦函數值的角度開始。這種角度首先是 90°，它的正

弦函數值不成問題，是等於 1。然後去計算 45° 角的正弦函數值，利用畢氏定理這個值很容易求出來，它等於 $\frac{\sqrt{2}}{2}$，也就是約 0.707。最後，我們來求 30° 角的正弦函數值，因爲 30° 角所對的邊的長度等於弦的一半，因此 30° 的正弦函數值等於 $\frac{1}{2}$。

於是，我們已經知道三個角度的正弦函數值（一般用 sin 表示），那就是：

$$\sin 30° = 0.5$$
$$\sin 45° \fallingdotseq 0.707$$
$$\sin 90° = 1$$

只有上面三個角度的正弦值，要來解幾何題目當然是不夠的，我們必須算出這中間各個角度（至少每隔一度的角度）的正弦值。對於很小的角度，在計算正弦的值的時候，可以用弧和半徑的比來代替對邊和弦的比，這樣所產生的誤差很小。從圖 88 右邊的圖可以看到，$\frac{\overline{BC}}{\overline{AB}}$ 的比值和 $\frac{\widehat{BD}}{\overline{AD}}$ 的比值相差非常小，而後者很容易算出。例如，在 1° 角的時候弧長 $\widehat{BD} = \frac{2\pi R}{360}$，因之 sin1° 可以認爲相當於：

$$\frac{2\pi R}{360R} = \frac{\pi}{180} = 0.0175$$

同樣可以求出：

$$\sin 2° = 0.0349$$
$$\sin 3° = 0.0524$$
$$\sin 4° = 0.0698$$
$$\sin 5° = 0.0873$$

但是，我們必須注意這種做法的限制，以便不致產生很大的誤差。

假如我們用這個方法來計算 sin30°，那麼得到的數將是 0.524 而不是 0.500，誤差已經發生在第二位數值上：誤差是 $\frac{24}{500}$，大約 5%。這樣的誤差，就算對於不求十分精確的行軍中的三角學來說，也已經太大了。

為了找出可以用上述近似方法求得正弦值的角度的界限，我們試著先用精確的方法求出 sin15° 來看看。這裡，我們需要作一個並不十分費解的圖（圖 89），假設 $\sin15° = \frac{\overline{BC}}{\overline{AB}}$。把 BC 延長到 D 點，使 $\overline{CD} = \overline{BC}$，再把 A、D 兩點連接，於是得到兩個全等三角形：$\triangle ADC$ 和 $\triangle ABC$，以及等於 30° 的 $\angle \overline{BAD}$。現在，作一垂線 $\overline{BE}$ 到 $\overline{AD}$，得到直角三角形 $\triangle BAE$，其中 $\angle BAE$ 等於 30°，於是 $\overline{BE} = \frac{\overline{AB}}{2}$。

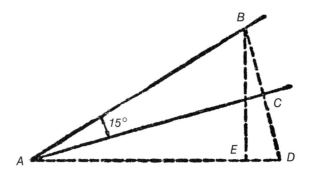

圖 89　怎樣算出 sin15°

下面我們用畢氏定理從 $\triangle ABE$ 中求出 $\overline{AE}$：

$$\overline{AE}^2 = \overline{AB}^2 - (\frac{\overline{AB}}{2})^2 = \frac{3}{4}\overline{AB}^2$$

$$\overline{AE} = \frac{\overline{AB}}{2}\sqrt{3} = 0.866\overline{AB}$$

因此，$\overline{ED} = \overline{AD} - \overline{AE} = \overline{AB} - 0.866\overline{AB} = 0.134\overline{AB}$。現在，從三角形 △ BED 中計算 $\overline{BD}$：

$$\overline{BD}^2 = \overline{BE}^2 + \overline{ED}^2 = (\frac{\overline{AB}}{2})^2 + (0.134\overline{AB})^2 = 0.268\overline{AB}^2$$

$$\overline{BD} = \sqrt{0.268\overline{AB}^2} = 0.518\overline{AB}$$

至於半個 $\overline{BD}$ 就是 $\overline{BC}$ 應該等於 $0.259\overline{AB}$，因此，要求的 15° 角的正弦函數值是：

$$\sin 15° = \frac{\overline{BC}}{\overline{AB}} = \frac{0.259\overline{AB}}{\overline{AB}} = 0.259$$

這就是三位數字的三角函數表上 15° 角的正弦值。至於如果我們使用剛才的方法，那麼求得的 sin15° 的近似值是 0.262。比較 0.259 和 0.262 假如只取兩位數，所得都同樣是 0.26。0.26 用這個近似值來代替更精確的數值 0.259，誤差是 $\frac{1}{259}$，也就是大約 0.4%。這對於行軍中的計算是可以允許的，因此，從 1° 到 15° 的正弦函數近似值，可以用我們的簡單方法計算出來。

至於從 15° 到 30° 各個角度的正弦值，我們可以利用比例來求出。讓我們這樣來想這個問題：sin30° 和 sin15° 的差等於 0.50 - 0.26=0.24，因此，我們可以設想，角度每增加 1°，它的正弦值就會增加這個差值的 $\frac{1}{15}$，就是增加 $\frac{0.24}{15}$ =0.016。嚴格來說這當然是不精確的，但是因為實際上所有的誤差發生在小數點後第三位上，而我們這裡只用到前兩位數字，所以

這個辦法還是行得通的。因此,逐一把 0.016 加到 sin15° 的數值上,就可以得到 16°、17°、18° 的正弦值:

$$\sin16°=0.26+0.016≈0.28$$
$$\sin17°=0.26+0.032≈0.29$$
$$\sin18°=0.26+0.048≈0.31$$
$$……$$
$$\sin25°=0.26+0.16=0.42等$$

所有這些角度的正弦值,前兩位小數是準確的,這已足夠符合我們的要求了:它們和真正精確的正弦值間的差值,小於 0.005。

從 30° 到 45° 間各角度的正弦值也可以這樣算出。$\sin45°-\sin30°=0.707-0.5=0.207$,這個差用 15 來除得 0.014,再把這個數目逐一加到 30° 的正弦值上,就得到:

$$\sin31°=0.5+0.014≈0.51$$
$$\sin32°=0.5+0.028≈0.53$$
$$……$$
$$\sin40°=0.5+0.14=0.64等$$

現在,只剩下要求出 45° 以上銳角的正弦值了。這裡,畢氏定理又幫了我們大忙。例如我們想求出 $\sin53°$,也就是 $\frac{\overline{BC}}{\overline{AB}}$ 的比值(圖 90),由於 $\angle B=37°$,它的正弦數值可以按照前法求出是 $0.5+7×0.014=0.6$,另外我們知道 $\sin B=\frac{\overline{AC}}{\overline{AB}}$,因此 $\frac{\overline{AC}}{\overline{AB}}=0.6$,從這裡得出

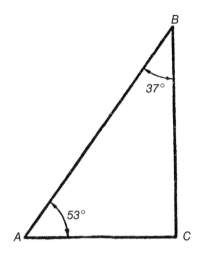

圖 90　45°以上角度的正弦函數值的計算

$$\overline{AC}=0.6\times\overline{AB}$$

知道了 $\overline{AC}$ 後，就很容易求出 $\overline{BC}$ 來，它等於

$$\sqrt{\overline{AB}^2-\overline{AC}^2}=\sqrt{\overline{AB}^2-(0.6\overline{AB})^2}$$

$$=\overline{AB}\sqrt{1-0.36}=0.8\overline{AB}$$

所以 $\sin53°=\dfrac{0.8\overline{AB}}{\overline{AB}}=0.8$。這裡只要知道開平方根的方法，演算是並不困難的。

❦ 5.2　開平方根

代數課本裡教給你的開平方根的方法很容易忘記。但是不用這個方法同樣可以開出平

方根。在我的幾何教科書中引用了一個舊的且經過簡化只需用除法來計算平方根的方法，這裡介紹的舊方法，比代數課本裡的方法更簡單。

假定要開 $\sqrt{13}$。它的答案應該是在 3 和 4 之間，因此相當於 3 加一個分數，假設這個分數是 x。

因此 $$\sqrt{13} = 3 + x$$

得到 $$13 = 9 + 6x + x^2$$

式中分數 x 的平方是一個很小的分數，因此在第一近似值中可以把它略去，那麼：

$$13 = 9 + 6x$$

得到 $$6x = 4, \quad x = \frac{2}{3} = 0.67$$

因此，$\sqrt{13}$ 的近似值等於 3.67。假如我們想要得到更精確的平方根，可以寫出下列方程式：

$$\sqrt{13} = 3\frac{2}{3} + y$$

式中 y 是一個不大的分數，可能是正數，也可能是負數。從上式得出，

$$13 = \frac{121}{9} + \frac{22}{3}y + y^2$$

把 y^2 捨去，可以算出 y 的值大約是 $-\frac{2}{33} = -0.06$。因此，$\sqrt{13}$ 的第二近似值是

$$\sqrt{13} = 3.67 - 0.06 = 3.61$$

用同樣的方法，還可以繼續求第三近似值等。

而用代數課本裡所說的平常的方法，$\sqrt{13}$ 算到小數後第二位也同樣等於 3.61。

੭ 5.3　從正弦求角度

　　現在，我們已經能夠計算從 0° 到 90° 各角度的二位小數的正弦函數值。以後在計算時如果需要知道正弦函數的近似值，不需要三角函數表就可以隨時把它們算出來了。

　　但是為了解答三角學上的問題，還必須會顛倒過來進行演算 —— 根據已知的正弦值，求出它的角度來。這並不複雜。假設我們要求出正弦等於 0.38 的角。由於這個正弦值小於 0.5，所求的角度必定小於 30°，同時它又大於 15°，因為我們已知 sin15°=0.26。為了求出這個介於 15° 和 30° 的角度，我們可以應用第 5.1 節所說的原理：

$$0.38-0.26=0.12$$

$$\frac{0.12}{0.016}=7.5°$$

$$15°+7.5°=22.5°$$

因此，所求的角度大約等於 22.5°。

　　另舉一個例題如下：求正弦值是 0.62 的角度。

$$0.62-0.50=0.12$$

$$\frac{0.12}{0.014}=8.6°$$

$$30°+8.6°=38.6°$$

所求的角大約是 38.6°。

　　最後，第三個例題：求正弦是 0.91 的角度。

　　因為這個正弦值介於 0.71 和 1 之間，所以它的角度應該是介於 45° 和 90° 之間。圖 91 中假設 $\overline{AB}$=1，$\overline{BC}$ 應該就等於 ∠A 的正弦。知道了 $\overline{BC}$，就可以很容易地求出∠B 的正弦值：

$$\overline{AC}^2=1-\overline{BC}^2=1-0.91^2$$
$$=1-0.83=0.17$$
$$\overline{AC}=\sqrt{0.17}=0.42$$

　　現在，求出正弦值是 0.42 的∠B 的度數，接著就很容易找出∠A 的值，等於 90°- ∠B。由於 0.42 介於 0.26 和 0.5 之間，∠B 介於 15° 和 30° 之間。求法如下：

$$0.42-0.26=0.16$$
$$\frac{0.16}{0.016}=10°$$
$$B=15°+10°=25°$$

因此，$\angle A=90°-\angle B=90°-25°=65°$

　　現在，我們已經掌握了近似地解決三角學上題目的武器，因為我們既會從角度求出它的正弦值，也會從它的正弦值求出角度，精確度足夠滿足行軍中的要求了。

　　可是，我們只知道了一個正弦函數，難道就夠了嗎？難道我們不會碰到需要餘弦、正切等其他三角函數的時候嗎？

　　接下來用一系列的例題來說明，對於我們簡化的三角學，只要有一個正弦函數值就已經完全夠用了。

圖 91　從正弦函數求角度

∝ 5.4　太陽的高度

【題】從豎直的 4.2 公尺高的測杆 $\overline{AB}$ 投出的陰影 $\overline{BC}$（圖 92）長 6.5 公尺。求這個時候太陽在地平面上的高度，也就是 $\angle C$ 的度數多大？

【解】很明顯，$\angle C$ 的正弦是 $\dfrac{\overline{AB}}{AC}$。但是 $\overline{AC} = \sqrt{\overline{AB^2} + \overline{BC^2}} = \sqrt{4.2^2 + 6.5^2} = 7.74$，因此所求的正弦值等於 $\dfrac{4.2}{7.74} = 0.55$。利用前面說的方法，可以算出它的角度是 $33°$。太陽的高度等於 $33°$，精確度到 $\dfrac{1}{2}$'。

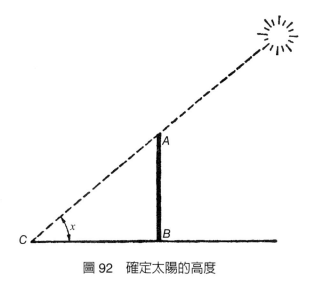

圖 92　確定太陽的高度

∞ 5.5 小島的距離

【題】你身上帶著一個指南針，在一條小河旁邊漫步，發現前面有一座小島 A（圖 93），於是想測出岸上 B 點到小島 A 點間的距離。為此你利用指南針求出了∠ABN、直線 $\overline{BA}$ 和南方方向線（$\overline{SN}$）。接著你量出了 $\overline{BC}$ 的長度，並測知了 $\overline{BC}$ 和 $\overline{SN}$ 線所形成的∠NBC。最後，在 C 點處也為 $\overline{CA}$ 做了同樣的工作。現在假設你一共得到了下列數字：

$\overline{BA}$ 的方向從 $\overline{SN}$ 線向東偏 52°，

$\overline{BC}$ 的方向從 $\overline{SN}$ 線向東偏 110°，

$\overline{CA}$ 的方向從 $\overline{SN}$ 線向西偏 27°，

$\overline{BC}$ 長 =187 公尺。

根據這些資料，應該怎樣求出 B 與 A 的距離呢？

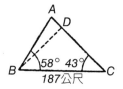

圖 93　怎樣算出小島的距離？

【解】△ABC 中，我們已知 $\overline{BC}$ 的邊長；∠ABC=110°－52°=58°；∠ACB=180°－110°－27°=43°。現在，在這個三角形中（圖 93 右）作出三角形的高 $\overline{BD}$，得到 $\sin C=\sin 43°=\dfrac{\overline{BD}}{187}$，用前面說過的方法求 $\sin 43°$，得 0.68。

因此，

$$\overline{BD}=187\times0.68=127$$

現在，△ABD 中我們知道了直角邊 $\overline{BD}$ 的長度；∠A=180°－（58°+43°）=79°，∠ABD=90°－79°=11°。可以算出 11°的正弦等於 0.19，因此 $\dfrac{\overline{AD}}{\overline{AB}}=0.19$。另外，根據畢氏定理：

$$\overline{AB}^2=\overline{BD}^2+\overline{AD}^2$$

以 0.19$\overline{AB}$ 代替式中的 $\overline{AD}$，並以 127 代替式中的 $\overline{BD}$，得：

$$\overline{AB}^2=127^2+\left(0.19\overline{AB}\right)^2$$

得到 $\qquad\qquad\qquad\qquad \overline{AB}\approx129$

因此，求得小島的距離大約是 129 公尺。

如果還需要求出 $\overline{AC}$ 的長度，我想讀者是不會感到有什麼困難的。

♋ 5.6　湖的寬度

【題】爲了計算湖的寬度 $\overline{AB}$（圖 94），你已經在 C 點用指南針測出 $\overline{CA}$ 偏西 21°，$\overline{CB}$ 偏東 22°。$\overline{BC}$=68 公尺，$\overline{AC}$=35 公尺。試從這些資料算出湖的寬度。

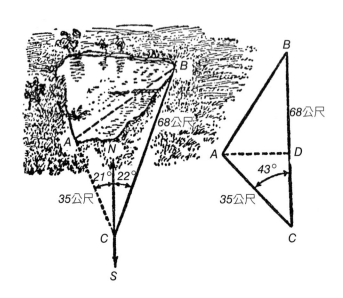

圖 94　湖寬的求法

【解】△ ABC 中，我們已經知道了一個 43° 的角，以及組成這個角的兩條邊的長度是 68 公尺和 35 公尺。作 $\overline{AD}$（圖 94 右）得 $\sin43° = \dfrac{\overline{AD}}{\overline{AC}}$。現在計算 $\sin43°$ 的值得到 0.68，可知 $\dfrac{\overline{AD}}{\overline{AC}} = 0.68$，$\overline{AD} = 0.68 \times 35 = 24$。然後計算 $\overline{CD}$：

$$\overline{CD}^2 = \overline{AC}^2 - \overline{AD}^2 = 35^2 - 24^2 = 649$$
$$\overline{CD} = 25.5$$
$$\overline{BD} = \overline{BC} - \overline{CD} = 68 - 25.5 = 42.5$$

現在，從 △ ABD 得：

$$\overline{AB}^2 = \overline{AD}^2 + \overline{BD}^2 = 24^2 + 42.5^2 = 2380$$

$$AB \approx 49$$

因此，所求的湖寬大約 49 公尺。

假如△ABC 中還需要算出另兩個角的值，那麼求出 $\overline{AB}$=49 後，可以使用這樣的做法：

$$\sin B = \frac{\overline{AD}}{\overline{AB}} = \frac{24}{49} = 0.49$$

得出 $\angle B = 29°$

至於第三個角∠A，可以由 180° 減去兩個角 29° 和 43° 的和求得∠A=108°。

在剛才說的三角形解法（根據兩邊和夾角）中，已知的角或許不是銳角，而是鈍角。舉例來說，假如△ABC（圖 95）中知道了一個鈍角∠A 和兩條邊 $\overline{AB}$ 和 $\overline{AC}$ 的長度，那其他各值的計算法和前面也完全相同：作高 $\overline{BD}$，從△BDA 求出 $\overline{BD}$ 和 $\overline{AD}$，然後，知道了 $\overline{DA}$+$\overline{AC}$，就可以求出 $\overline{BC}$，以及 $\dfrac{\overline{BD}}{\overline{BC}}$ 從比值求出 sinC。

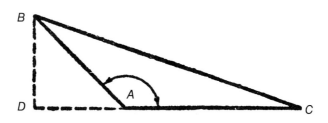

圖 95　銳角三角形的解法

○8 *5.7* 三角形地區

【題】我們在旅行中，用腳步量出了一個三角形地區三邊的長度，分別是 43 步、60 步和 54 步。這三角形的三個角的度數各是多少？

【解】這種由三邊來解三角形的題目，是解三角形中最複雜的一種情形。但是我們也同樣有辦法解答這個題目，除正弦外不用其他三角函數。

在最長的一邊 $\overline{AC}$ 上作三角形的高 $\overline{BD}$（圖 96），得：

$$\overline{BD}^2 = 43^2 - \overline{AD}^2$$

$$\overline{BD}^2 = 54^2 - \overline{DC}^2$$

從上列二式得：

$$43^2 - \overline{AD}^2 = 54^2 - \overline{DC}^2$$

$$\overline{DC}^2 - \overline{AD}^2 = 54^2 - 43^2 = 1070$$

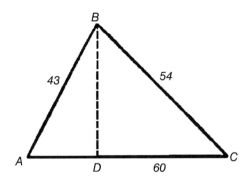

圖 96　試用⑴計算方法，⑵量角器，求這三角形各角的值

但是

$$\overline{DC}^2-\overline{AD}^2=(\overline{DC}+\overline{AD})(\overline{DC}-\overline{AD})=60(\overline{DC}-\overline{AD})$$

因此
$$60(\overline{DC}-\overline{AD})=1070$$

$$\overline{DC}-\overline{AD}=17.8$$

由
$$\overline{DC}-\overline{AD}=17.8$$

$$\overline{DC}+\overline{AD}=60$$

得
$$2\overline{DC}=77.8$$

就是
$$\overline{DC}=38.9$$

現在就不難算出三角形的高：

$$\overline{BD}=\sqrt{54^2-38.9^2}=37.4$$

從這裡可以求出：

$$\sin A=\frac{\overline{BD}}{\overline{AB}}=\frac{37.4}{43}=0.87$$

$$\angle A\approx 60°$$

$$\sin C=\frac{\overline{BD}}{\overline{BC}}=\frac{37.4}{54}=0.69$$

$$\angle C\approx 44°$$

第三個角

$$\angle B=180°-(\angle A+\angle C)=76°$$

　　假如我們現在再用學校裡的三角學課本所教的方法，利用函數表來解出這個題目，那麼馬上可以得到精確到幾分幾秒的各角度數。但是這些分秒我們可以斷定它們一定是錯誤

的，因為用腳步量出來的三角形的邊長，至少會有 2～3% 的誤差。因此，我們用不著欺騙自己，必須把所得到的角度的「精確」值至少變成一個整度數，那麼我們所得到的答案將和方才簡化方式所得的一樣。所以，在這一類的情形，我們的「行軍三角學」的確是很實用的。

∞ *5.8* 不做任何度量的測角法

我們實地測量一個角度，往往只要有一個指南針、自己的幾根手指，或是火柴盒的幫助就足夠了。但是，有時會有這種情形：你需要測出一個畫在紙上、平面圖上或地圖上的角。

當然，假如手頭有一個量角器，那麼解這問題就非常簡單了。但是假如找不到量角器，比如在行軍途中，怎麼辦呢？「幾何學家」在這種情形下不應該束手無策，下面就是這樣的一個題目，你怎麼去解答它？

【題】圖 97 中有一個小於 180° 的 ∠AOB，要你不做任何度量求出這角的數值。

【解】本來我們可以從 $\overline{BO}$ 上的任一點作一垂線到 $\overline{AO}$，在所作成的直角三角形中量出三邊的長度，算出這個角的正弦函數值，於是就可以求出這個角（參閱 5.3 節）。但是，這種解法不符合題目的要求──不做任何度量！

我們可以這樣來解這個題目：用角的頂點 O 點作圓心，任意長作半徑作一個圓，把圓周跟角的兩邊的交點 C 和 D 用線段連接起來。

然後，用一個圓規從 C 點起依照 $\overline{CD}$ 的長在圓周上向某一個方向一段一段量下去，一直到圓規的一腳恰好再度停在 C 點為止。

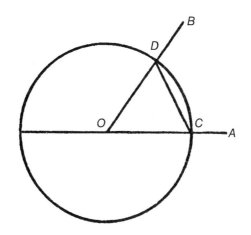

圖 97　只許使用圓規，怎樣求出∠AOB 的值？

在依弦的長度一段一段量的時候，必須記住這中間一共繞圓周幾次，以及弦長在圓周上一共量了多少次。

假定我們繞圓周一共繞了 n 次，並在這中間一共在圓周上量了 S 次的弦長 $\overline{CD}$。那麼，所求的角度將是

$$\angle AOB = \frac{360° \times n}{S}$$

實際上，假設這個角是 $x°$，$\overline{CD}$ 在圓周上量了 S 次，這就像把 $x°$ 的角增大到 S 倍，但是在這同時圓周也被繞了 n 次，所以這個角等於 $360° \times n$，

因此

$$x° \times S = 360° \times n$$
$$x° = \frac{360° \times n}{S}$$

對於圖中所示的這角，$n=3$，$S=20$（請你拿一個圓規試試看！），因此 $\angle AOB=54°$。在沒有圓規的時候，可以使用一根大頭針和一張紙條來繪出圓周，圓周上量弦長，也可以用剛才那張紙條來做。

【題】試利用這個方法求出圖 96 中三角形各角的度數。

第 **6** 章

天地在哪裡碰頭？

Geometry

$a + b = c$

$c > 0$

Ꮬ *6.1* 地平線

　　站在一望無際的平原上，你會感到自己是置身在一個你眼力所及的圓形的中心，這個圓形的邊緣就是地平線。地平線是無法捉摸的，當你向它走去，它就向後退去。雖然它是不可接近的，但它實際上確實存在，這並不是視力上的錯覺，也不是什麼幻覺。對於地面上每一個觀測點，有一定的可以由這個點望得見的地球表面的界線，而且這個界線的距離也不難計算出來。為了闡明地平線的幾何關係，請看用來表示地球一部分圖形的圖 98。觀測者的眼睛位在 C 點，距地面的高度是 $\overline{CD}$。這人向遠方望去，在平地上能夠看得到多遠呢？看來只能看到 M、N 各點，這裡視線和地球表面相切，再遠的地方就都在視線以下了。這 M、N 兩點（以及所有在 $\overparen{MEN}$ 圓周上的各點）就是能看見的地球表面的邊界，換句話說，正是這些點連成了地平線。觀測者一定會感到天穹和大地在這裡相接，因為他在這些點上同時看見了天空和地上的物體。

　　或許你認為圖 98 並沒有畫出實際的情形，因為我們覺得地平線總是和人眼在同一水平上的，圖上卻把這個地平線的圓圈放到了比觀測者低的地方。是的，我們始終覺得地平線和我們的眼睛在同一水平上，而且甚至當我們升高的時候，它彷彿隨著同時升高。但是這只是視覺上的錯覺，事實上地平線總是比人的眼睛低，如圖 98 所示。只不過 $\overline{CN}$ 和 $\overline{CM}$ 兩線跟在 C 點垂直於地球半徑的 $\overline{CK}$ 所成的角（這個角叫做「地平線下降角」）異常小，沒有儀器就無法捉摸得到罷了。

　　我們順便一提另一件有趣的事。剛才說過，當觀測者登到高處去，例如乘飛機到高處，地平線似乎仍和他的眼睛在同一水平面上，也就是說，地平線彷彿隨著他同時升高了。假

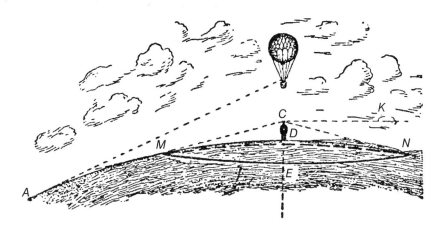

圖 98　地平線

如這位觀測者飛得相當高了，那麼他就會感覺彷彿飛機下面的地面已經是在地平線以下了，換句話說，大地就好像一個嵌入的盆子，而地平線卻成了盆子的「邊」了。關於這個情形，愛德伽・波在他的幻想小說《漢斯奇遇記》中有很好的描寫和解釋：

「最使我驚奇的是」小說的主人公說：「地球在我看來竟成凹下的了。我起初以為，當我逐漸升高的時候，一定看出它的凸面來的，等我仔細想了一番以後，才找到了這個現象的解釋。從我的氣球垂直引向地球的直線，彷彿成了直角三角形的一條直角邊，這直角三角形的底邊是從這條線跟地面的交點引到地平線的直線，斜邊卻是從地平線到我氣球的那條線。但是，我所升到的高度，如果和視野相比的話，是非常小的，換句話說，方才這個三角形的底邊和斜邊要比垂直的直角邊大得很多，所以可以把這三角形的斜邊和底邊看做兩條平行

線。因此，每一個位於氣球底下的點，總是使人有低於地平線的感覺。覺得地球表面彷彿呈現凹下的原因正在這裡。而這個情形應該一直持續到氣球達到一個相當大的高度，使三角形的底邊和斜邊不能夠認作平行的時候才停止。」

為了幫助解釋這個問題，我們來再舉一個例子。假設你面前有一列整齊的電線杆（圖99），如果你的眼睛放在電線杆的 B 點，在電線杆腳的水平上，那麼，這一列電線杆的情形將如圖 99(b) 所示。但是，如果你的眼睛放在 A 點，在電線杆頂的水平上，那麼這一列電線杆的情形將如圖 99(c) 所示，在這種情形，地面彷彿從地平線升了起來一般。

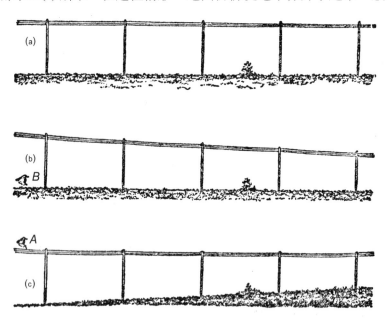

圖 99　你的眼睛向一列電線杆望去所見到的情形

⊗6.2　地平線上的輪船

當我們在海岸或大湖岸上觀察遠處地平線上剛剛出現的輪船的時候，我們會覺得我們所看見的這艘船並不是在它實際所在的地方（圖 100），而是離得更近些，在我們的視線和海面凸面相切的 B 點上。用肉眼觀察的時候，很難不誤認輪船的位置是在 B 點而不在地平線以外很遠很遠（關於這點，可參閱 4.3 節高丘對於判斷一件物體距離的影響）。

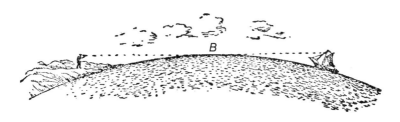

圖 100　地平線外的輪船

但是，假如你使用一架望遠鏡望去，對於這艘輪船的距離，就可以得到比較正確的觀念。這是因為望遠鏡裡所見遠近不同的事物的清晰程度是不相同的，一架校準好了向遠處瞭望的望遠鏡，如果用來觀看近處事物，是會覺得模糊不清的；反過來，如果一架校準好了向近處瞭望的望遠鏡，用來觀望遠處的事物，所看到的景色也很朦朧。因此，假如把一架望遠鏡（相當大倍數的）瞄向地平線的水面上，校準到能夠把這一點的水面望得最清楚，那麼用它來望向輪船，就只能看到模糊的輪廓，給你一種很遠的感覺（圖 101 左）。相反地，如果把望遠鏡校準好，能最清楚地看到一半隱藏在地平線後的船的輪廓，那麼方才看見的

清晰水面，現在已經模糊不清了（圖 101 右）。

圖 101　望遠鏡裡望到的地平線外的輪船

⨕ *6.3*　地平線的遠近

　　地平線距離我們究竟有多遠呢？換句話說，我們站在平原上像是置身在它中心的那個圓面的半徑有多大？如果已知觀測者在地球表面上的高度，要怎樣算出地平線的遠近？

　　這個題目可以看做求出線段 $\overline{CN}$ 的長度（圖 102），$\overline{CN}$ 是從人眼向地球表面所作的切線。我們從幾何學中知道，切線的平方等於割線外段 h 和這條割線全長（也就是 $h+2R$）的乘積，式中 R 是地球的半徑。由於人眼和地面間的距離跟地球直徑 $2R$ 相比極小，甚至坐飛機飛到一萬多公尺高的高空，人眼離地面也不過是地球直徑的 0.001，所以可以認為 $2R+h$ 等於 $2R$，這樣公式也就可以簡化成：

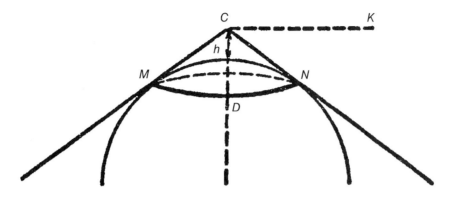

圖 102　關於地平線遠近的題目的解法

$$\overline{CN}^2 = h \times 2R$$

因此，地平線的遠近就可以用很簡單的公式計算出來：

地平線和人的距離 $=\sqrt{2Rh}$ ，式中 R 是地球半徑（大約 6400 公里[1]），h 是人眼離地面的距離。

由於 $\sqrt{6400}=80$，上式更可簡化如下：

地平線和人的距離 $=80\sqrt{2h}=113\sqrt{h}$，式中 h 應該用公里作單位。

這是一個純幾何學的簡化的計算。假如我們想把影響地平線距離的物理學的因素也計算在內，還必須考慮所謂「大氣折射」的問題。大氣中光線的折射會把計算出來的地平線的距離加大大約 $\frac{1}{15}$（或 6%），這個 6% 也只是一個平均數，地平線距離要根據下列許多條件來略作增減：

1　比較精確的數字是 6371 公里。

增 加	減 少
氣壓高	氣壓低
接近地面處	在高處
冷天	暖天
早晨和傍晚	日間
潮濕天氣	乾燥天氣
在海上	在陸地上

【題】站在平地上的人，能夠看見地面上多遠？

【解】假設這個人是成年人，他的眼睛到地面的距離是 1.6 公尺或 0.0016 公里，所以地平線和人的距離 $= 113\sqrt{0.001,6} \approx 4.52$公里。

剛才說過，包圍地球的空氣層使光線的路徑發生曲折，因而使地平線平均要比用公式計算出的值遠 6%。考慮到這個修正，應該把 4.52 公里再乘以 1.06，得到

$$4.52 \times 1.06 = 4.8 \text{ 公里}$$

所以，一個中等身材的人在平地上所能望見的距離不能遠過 4.8 公里。他置身在中心的那個圓，直徑只有 9.6 公里，面積只有 72 平方公里。這比那些描寫遼闊草原「一望無際」的人所想的要小得多了。

【題】一個人坐在海面一艘小艇上，能看到多遠？

【解】假如坐在艇上的那人的眼睛離水面是 1 公尺或 0.001 公里，那麼地平線的距離等於：

$$113\sqrt{0.001} = 3.58 \text{ 公里}$$

　　把空氣的折光影響也計算在內的話，大約是 3.8 公里。至於更遠的物體，就只能望見它的上部，下部卻隱藏在地平線後面了。

　　眼睛的位置更低些的話，地平線也就更近些，例如，當眼睛只離地（海）面半公尺時，地平線只在 $2\frac{1}{2}$ 公里遠處。相反，如果是從高處（例如桅杆頂）觀測的話，那麼地平線的距離就會增大。舉例來說，如果你攀登到 4 公尺高的桅杆頂，地平線的距離就達 7 公里。

　　【題】當平流層的氣球處於最高點的時候，地平線到處於氣球吊艙中的飛行員的距離是多少？

　　【解】因為此時氣球所處的高度是 22 公尺，所以地平線到這個高度的距離是：

$113\sqrt{22}$ =530 公里，如果考慮到折射因素的話，就應該是 580 公里。

　　【題】一位飛行員想升到一個高度，來望見 50 公里半徑的地面，他應該把飛機升到多高？

　　【解】從地平線距離的公式，可以列出下式：

$$50=\sqrt{2Rh}$$

因此
$$h=\frac{50^2}{2R}=\frac{2500}{12800}=0.2 公里$$

這就是說，這位飛行員只要升到 200 公尺的高度就夠了。

　　考慮到偏差的修正，再從 50 公里中減掉 6%，得 47 公里，因此，

$$h=\frac{47^2}{2R}=\frac{2200}{12800}=0.17$$

也就是說，還不必升到 200 公尺，只要升到 170 公尺就行了。

∞ 6.4　果戈里的塔

【題】有一個問題非常有趣：究竟以下哪一件事增加速度比較快呢？是人眼上升的高度，還是地平線的距離？許多人認爲，觀測的人向上升起，地平線的距離將增加得特別迅速。而且，果戈里也曾這樣想，比如他在他的論文《論我們這一時代的建築》中就曾寫道：

「巨大而雄偉的高塔，是城市所必須有的……我們今天還只有僅能望見一個城市全景的塔，但是對於一國的首都，卻必須至少能夠有一個可以看到 150 俄里 [2] 方圓的高塔，而這在我看來，只要把塔再築高那麼一兩層，就一切都可改觀了。我們視界的範圍會隨著我們的登高而擴展得加倍迅速。」

事實是不是這樣呢？

【解】這種隨著人身的升高，地平線的範圍將很快增加的看法是不正確的，這只要把方才那個公式研究一下就知道了。

$$地平線和人的距離 = \sqrt{2Rh}$$

事實上，地平線的距離比人眼的升高增加得慢，它只是和人眼高度的平方根成正比，當人眼升高到 100 倍，地平線的距離只增加到 10 倍，而當人眼增高到 1000 倍，地平線的距離也不過增加到 31 倍而已。因此「只要把塔再築高那麼一兩層，就一切都可改觀了」的

2　1 俄里相當於 1.0668 公里，150 俄里相當於 160 公里。

想法是不正確的。假如在八層樓房上面再加上兩層，地平線的距離只增加到 $\sqrt{\dfrac{10}{8}}$，就是 1.1 倍，也就是說只增加了原有距離的 10%。像這麼小的增加，我們甚至不一定能夠察覺得到。

　　至於想要建築一座「至少能夠看到 160 公里方圓的高塔」，這件事是完全辦不到的，當然，果戈里當時並沒有想到具備這個條件的塔必須有巨大的高度。

　　事實上，從下式

$$160=\sqrt{2Rh}$$

得到：

$$h=\frac{160^{2}}{2R}=\frac{25600}{12800}=2\text{公里}$$

這已是一座高山的高度了。

∞ 6.5　普希金的土丘

　　普希金在他的文章裡面也犯過類似的錯誤，我們上面已經提過，他在一篇名叫《吝嗇的騎士》的詩劇中，用下列的詩句描寫從他的「驕傲的土丘」頂上所看到的遠方地平線處的情景：

　　國王可以從它的高處愉快地望見

　　被白色天幕覆蓋著的山谷，

　　和那疾駛著輪船的海洋……

前面我們已經算出這個「驕傲的土丘」的高度竟是小得可憐，甚至阿提勒的大軍也沒能用這個方法把這土丘堆到高過 4.5 公尺。現在我們可以做一個計算，來確定站在這個土丘頂上究竟能夠把地平線擴展到多遠。

站在這個土丘上的人的眼睛離地面的高度大約是 4.5+1.5=6 公尺，因此地平線的距離應該是：

$$\sqrt{2 \times 6,400 \times 0.006} \approx 8.8 公里$$

這比在地平線上不過遠 4 公里多罷了。

◌ **6.6　鐵軌在什麼地方碰頭？**

【題】當然，你一定不止一次注意到，鐵路上兩條鐵軌在遠處好像會漸漸併到一處，可是，你可曾想到過遠處兩條軌道併到一起的那個碰頭點嗎？而且，我們是否能看到它們的碰頭點呢？對於這些問題，你現在已經有足夠的知識來解答了。

【解】你一定還沒有忘記，對於一雙正常的眼睛，一個物體變成一個點是在你向它望去的視角等於 1' 的時候，換句話說，就是當它的距離等於它的寬度 3400 倍的時候。

兩條鐵軌之間的軌距是 1.52 公尺。因此，兩條鐵軌要在距我們 1.52×3400=5.2 公里處才併成一個點。假如我們能夠在 5.2 公里處看到兩條鐵軌，那麼我們就可以看見它們已經碰成為一個點了。但是在平地上，地平線離我們只有 4.4 公里，不到 5.2 公里。因此，一個正常視力的人站在平地上，是不能望見兩條鐵軌的交點的，這個人只有在下列情形下，才能看到兩條鐵軌的交點：

1. 假如他的視力降低的話，因為在這情形下，物體將在比 1' 大的視角下，變成一個點；

2. 假如鐵路路面不是水平的；

3. 假如觀測者的眼睛比地面高

$$\frac{5.2^2}{2R}=\frac{27}{12800}\approx 0.0021\text{公里}$$

就是 210 公分的時候。

❦6.7　燈塔的題目

【題】岸上有一座燈塔，塔頂離水面 40 公尺。一艘戰艦從遠處駛來，船上的領航人坐在水面以上 10 公尺的地方。問他要在什麼距離的時候才能夠看到這座燈塔的燈光？

【解】從圖 103 中可以看到，這題目的意思是要我們算出 $\overline{AC}$ 線的長度，它由 $\overline{AB}$ 和 $\overline{BC}$ 兩部分組成。

$\overline{AB}$ 是 40 公尺高的燈塔上所見的地平線距離，$\overline{BC}$ 是坐在水面上 10 公尺的領航人所見的地平線距離。因此，所求的距離 $\overline{AC}$ 等於

$$113\sqrt{0.04}+113\sqrt{0.01}=113(0.2+0.1)=34\text{公里}$$

【題】上題那位領航人，在 30 公里遠處可能望見燈塔的什麼部分？

【解】從圖 103 可以看出解答這個問題的方法：應該首先算出 $\overline{BC}$ 的長度，然後從 $\overline{AC}$ 全長（30 公里）減去這個數目，這就求出了 $\overline{AB}$。知道 $\overline{AB}$ 以後，就可算出地平線距離等於 $\overline{AB}$ 時的高度了。下面是這幾步的算式：

$$\overline{BC}=113\sqrt{0.01}=11.3\text{公里}$$

$$30-11.3=18.7\text{公里}$$

$$\text{燈塔高}=\frac{18.7^2}{2R}=\frac{350}{12800}\approx0.027\text{公里}$$

這就是說，在 30 公里遠處向燈塔望去，燈塔將有 27 公尺的高度無法望見，能望見的只有 13 公尺。

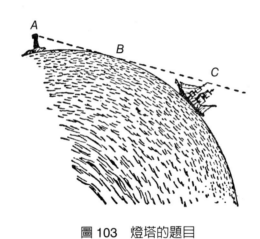

圖 103　燈塔的題目

∝ *6.8*　閃電

【題】在你頭頂上 1.5 公里的高處發生了一道閃電。離你多遠為止的人能看到這次閃電？

【解】應該求出 1.5 公里高處的地平線距離（圖 104）。這個距離等於：

$$113\sqrt{1.5} = 138公里$$

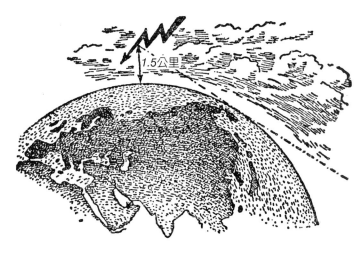

圖 104　閃電的題目

　　這就是說，假如地面是平坦的，那麼這次閃電最遠將會被離你 138 公里處、眼睛在地面上的人所看到。這裡算出的數字 138 公里，如果考慮作 6% 的修正，那麼應該是 146 公里。從 146 公里遠處望來，這個閃電彷彿恰好發生在地平線上，又因為聲音不能傳到那麼遠，所以那裡的人只能看見閃光，而聽不到雷聲。

✃ 6.9　帆船

　　【題】你現在站在一片大海或大湖的岸邊，緊靠著水面，正在觀察一艘帆船向遠方駛

去。你知道這帆船的桅杆頂端離水面 6 公尺。要在什麼距離，你會感覺這艘帆船似乎開始向水中隱沒（就是隱到地平線以下），在什麼距離整艘帆船完全看不到了？

【解】 這艘帆船會在 B 點（見圖 100）處開始隱沒，在你所見的地平線距離處隱沒，假如你是中等身材，那麼就是在 4.8 公里處隱沒。至於帆船全部消失在地平線下，是在離 B 點

$$113\sqrt{0.006} = 8.8 公里$$

這就是說，這艘帆船在離岸邊 4.8+8.8=13.6 公里處完全消失在地平線下。

✑ 6.10　月球上的「地平線」

【題】 到現在為止，我們的一切計算還沒有離開地球。但是，假如我們跑到了另一個星球，例如跑到月球上的話，那麼月球上的「地平線」距離將有怎樣的變化呢？

【解】 這個題目可以用我們的老公式來解答：「地平線」的距離等於 $\sqrt{2Rh}$ ，這裡只要把 $2R$ 從用地球直徑改為用月球直徑代入就行了。

月球的直徑是 3500 公里，因此當人眼離地面 1.5 公尺的時候，得出：

「地平線」的距離 = $\sqrt{3500 \times 0.0015}$ =2.3 公里。

我們在月球上睜眼望去的話，總共不過只能看到 2 公里那麼遠。

ᘓ *6.11* 在月球的環形山上

【題】即使你用一架倍數不大的望遠鏡向月球望去，你也會看到月球表面有許多所謂的環形山，地球上沒有和它類似的東西。其中有一座叫做「哥白尼環形山」，外徑 124 公里，內徑 90 公里。環形山口四周的最高點距離中間盆地地面 1500 公尺。假如你站在這環形山口內部盆地中央，你能從那裡望見環形山口的頂點嗎？

【解】為了解答這個問題，應該求出這個最高點就是 1.5 公里高處的「地平線」距離。在月球上，這個距離是 $\sqrt{3500 \times 1.5} \approx 23$ 公里。中等身材的人的「地平線」距離是 2.3 公里，把兩者加到一起，就可以得到山口最高點將隱沒到觀察者「地平線」後的最遠距離：

$$23 + 2.3 \approx 25 \text{公里}$$

在山口的中央，離山壁 45 公里，因此，從此地中央看到這個山口是不可能的，除非爬到從火山底到 600 公尺的中心的山坡上。

ᘓ *6.12* 在木星上

【題】木星的直徑是地球的 11 倍，在木星上的「地平線」距離有多遠？

【解】假如木星有一層硬殼，而且有平坦的表面，那麼一個站在木星平原上的人將可看到：

$$\sqrt{11 \times 12800 \times 0.0016} \approx 15 \text{公里的遠處}$$

⌦ 6.13　給你的練習題

1. 一艘潛水艇的潛望鏡露出海面大約 30 公分，試求它所見的地平線的距離。

2. 一個大湖兩岸間距離 210 公里，飛行員必須飛到多高，才能同時望見兩岸？

3. 一位飛行員在相距 640 公里的兩城市上空飛行，他應該飛到多高，才能同時望見兩個城市？

第 7 章

魯濱遜的幾何學
（儒勒·凡爾納小說中的一段）

∞ *7.1* 星空幾何學

一片深淵展開，那兒星星稠密，

星星多得無數，深淵深得無底。

—— 羅蒙諾索夫

以前有一段時間，本書作者曾經準備要去體驗一種不太尋常的遭遇：陷入在航海中失事的困境裡。簡單一點說，我曾想把自己變成一個魯濱遜。假如這個念頭真的實現了，那麼這本書可能會寫得比現在更有趣味一些，但也可能根本就寫不出來了。後來我並沒有變成魯濱遜，現在我對這一點並不感到可惜。

但是在年輕的時候，我真的有一個時期對這件事感興趣，而且的確曾經認真做了準備。因為即使是個最平凡的魯濱遜，也必須具有其他「行業」的人們所不一定具有的許多知識和能力。

一個人一旦遭遇海難，被丟棄在荒無人煙的海島上，他首先必須做的是什麼事呢？當然是確定他被迫停留的這塊地方的地理位置 —— 經度和緯度。在這方面很可惜的是，不論新還是舊魯濱遜的故事裡，大都講得太少。在《魯濱遜漂流記》全文本中，關於這個問題總共只能找到不滿一行的敘述，而且這僅有的一行還是放在括弧裡的：

在我這海島所在的緯度上（根據我的計算，是在赤道以北的 $9°22'$ 處）……

　　當我正為做魯濱遜而進行一切準備的時候，看到這樣令人遺憾的一行簡短文字，覺得非常失望，我已經打算放棄獨居荒島的事業了，這時候儒勒·凡爾納寫的《神秘島》一書恰好為我把這個秘密揭了開來。

　　我並沒有叫讀者們去當魯濱遜的意思，但是我覺得在這裡談談最簡單的確定緯度的方法，不能算是多此一舉。這個方法不僅對於一個漂流在島上的人有幫助，比如我們有許多鄉村，它的位置在一般地圖上還沒有被繪出，而你的手頭上不一定總是會帶著一幅最精細的地圖，因此確定緯度的這個問題，是隨時可能出現在讀者面前的。

　　也就是說，我們並不一定要有在海上遇難的經歷，才會像魯濱遜那樣需要確定自己所處的地理位置。

　　這件事情基本上是不太困難的。如果你在晴朗的晚上對天空做一段時間的觀察，那麼你就可以發現，天上的星星正緩緩地在天空中依著傾斜的圓弧移動，彷彿整個天穹正沿著一條看不見的斜軸在緩緩地旋轉一樣。事實上呢，這當然只是你在隨著地球繞地軸向相反的方向旋轉。對我們所處的北半球來說，天穹上只有一個點是不動的，就好像想像中的地軸的延長線就通過這一點。這個點是天球上的北極，位置在離小熊星座尾尖上的一星不遠處，這顆星就叫做北極星。在北半球上的人，只要在天空中找到它，就等於找到了天球上的北極。要找到它並不困難，首先把大家所熟悉的大熊星座（或北斗七星）找到，朝著大熊星座邊上兩星連線的方向看過去，如圖 105 所示，在離大熊星座大約相當於整個大熊星座長度的地方，就是北極星了。

　　這顆星就是我們要用來判斷地理緯度的天球上的第一個點。第二個點是我們頭頂上空的那一個點，所謂「天頂」。換句話說，天頂就是通過你站立位置的那條地球半徑的想像中

的延長線延伸到天空的那個點。天空中你的天頂和北極星間弧線的角距，就是你站立的位置和地球北極間的角距。假如你的天頂離北極星 30°，那麼你的位置離北極星恰好也是 30°，也就是說，你離赤道是 60°，換句話說，你的位置就是北緯 60°。

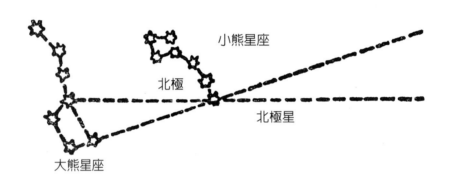

圖 105　找尋北極星

　　所以，要判定一個位置的緯度，只要量出天頂和北極星間的角度，然後用 90° 減去剛才量出的度數，就得到緯度的度數了。實務上，通常可以採用另一種方法：由於天頂和地平線間的角度等於 90°，那麼從 90° 減去北極星和天頂間角度的差，正好就是北極星和地平線間的角度，換句話說，我們得到的差正是北極星在地平線上的「高度」，因此一個地方的地理緯度等於北極星在這個位置的地平線上的高度。

　　現在你已經明白要判斷緯度需要做些什麼事了，找一個晴朗的晚上，在天空中找出北極星，然後把它離地平線的高度角度求出，所得的就正是你所處位置的緯度。假如你想把

你所處位置的緯度計算得更加精確，那麼就必須考慮到北極星沒有正好在天球北極上，而是離北極後面 $1\frac{1}{4}°$，因此北極星的位置並不是完全不動的，它在空中環繞著天球的北極轉著小圈子，上下左右保持著 $1\frac{1}{4}°$ 的距離。測出北極星最高和最低位置的高度，然後取一個平均數，這就是天球北極的眞正高度，因此也就是你所處位置的正確緯度。

但是，這樣的話似乎就沒有必要一定要挑選北極星來計算，可以選用任何一顆在北半球天空中不會落下的星，測出它在天空中最高和最低的高度，然後取它們的平均值，得到的就將是天球北極的高度，也就是這個位置的緯度。但是這樣做必須善於掌握所選定星星的最高和最低位置的時間，而這就把事情弄複雜了，而且這樣的觀察還不一定可能在一個夜裡完成。因此，爲了進行初步近似的測量，還是跟北極星打交道比較好，至於北極星和天球北極的那一點點差別，可以不去管它。

直到現在，都是假設我們在北半球測量緯度。假如你到了南半球，該怎麼辦呢？和北半球完全相同，所不同的只是應該找出天球南極（而不是北極）的位置罷了。可惜的是，天球南極附近並沒有一顆像我們北半球的北極星那麼光亮耀目的星。有名的南十字座離南極太遠了些，如果我們想利用這個星座中的星來確定緯度，必須測出這星的最高最低位置後求出它們的平均數。

儒勒・凡爾納小說的主人公正好就是利用了南半球天空中這個美麗的星座，確定出那個「神秘島」的緯度。

○ *7.2* 神秘島的緯度

《神秘島》中測定島的緯度的那一段描寫，對我們很有幫助，因此我把它抄在下面，同時我們可以看一看，這些新的魯濱遜們在沒有測角儀器的情況下究竟怎樣解決他們的問題。

　　是夜晚八點鐘的時候了。月亮還沒有出來，但是地平線上已經現出一片銀白色的光輝。天空中正閃爍著南半球的星座，南十字座也是其中的一個。斯密特工程師向這個星座觀察了一會兒。

　　「赫伯特，」他略加思索後說，「今天可是四月十五日嗎？」

　　「是的。」那青年回答。

　　「如果我沒有弄錯，那麼明天應該是一年裡頭實際時間等於平均時間的四天中的一天：明天太陽經過子午線上正是我們的鐘錶指示正午的時候[1]。假如明天天氣晴朗，我就能夠大約計算出這個島的經度來。」

　　「沒有儀器也可以嗎？」

　　「是的。今晚天氣晴朗，因此我今天就測出南十字星座的高度，測出南極距地平線的高度，來判定我們這個島的緯度。明天呢，在中午的時候就可連島的經度都測定出來。」

　　假如這位工程師手中有一具六分儀（這是一種利用光線反射原理精確求出物體角距的儀

1　我們的時計走得並不完全和「太陽時」一樣，在「真太陽時」和最精確的時計所指示的「平太陽時」之間有一點差異，這差異每年中只有四天等於零，大約在 4 月 16 日、6 月 14 日、9 月 1 日和 12 月 24 日。

器），這個任務就可以毫無困難地完成。在這個晚上求出南極的高度，明天白天太陽經過子午線的時候，他就可以得到這個島所處的地理位置——緯度和經度了。但是，他手上沒有六分儀，那麼就只好想一個辦法來代替。

工程師走到山洞裡。在火堆的熊熊火光下，他鋸下了兩條方形木棒，把兩棒的一端連接到一起，製成一個圓規，兩隻腳可以開合移動。鉸鏈他是用金合歡結實的刺來做的，這是從木柴中間找到的。

儀器做成功後，工程師就回到岸邊。他必須測出南極在地平線上，也就是在海面上的高度。為了便於觀察，他跑到那個眺望崗上去——當然，這個崗離海面的高度也應該計算進去。

地平線被初升月亮的光芒所照耀，顯得非常清楚，使觀察可以進行得非常便利。南十字座在天空中是顛倒「懸掛」著的，標誌著這個星座底部的 α 星，比其他各星離南極更加接近。

這個星座離南極的距離，並不像北極星距離北極那樣近。α 星離南極27°，工程師知道這一點，因此他準備把這個值也放到他的計算中去。他在等待這顆星經過子午線的時間，這樣可以減輕測量的工作。

斯密特把他的木製圓規的一隻腳指向水平的方向，把另一隻腳指向南十字座的 α 星，這樣所得的角就是這星在地平線上的高度。為了保持這個角度固定不變，他用金合歡的刺把另一條木棒橫貫地釘到圓規的兩隻腳上，這樣圓規就可以保持形狀不變了。

現在剩下的只是求出所得角的度數，再換算到高出海平面的度數，就是說考慮到地平線比他的位置低，這就需要測量高崗的高度[2]。這個角的數值提供了南十字座 α 星的高度，也

2　因為工程師不是在海平面而是從高崗上進行測量的，由觀測者眼睛到地平線的直線，就不和垂直於地球半徑的直線完全吻合，而成某一角度。但是這角非常小，這裡可以大膽地棄去不顧（當高度是100公尺的時候，

就是說，提供了南極在地平線上的高度，因此也就是這個島的地理緯度，因爲地球上任何一個地方的緯度都等於天球的極在這地方的地平線上的高度。這一切計算，決定明天去做。

　　至於高崗的高度怎樣測定，讀者已經從本書第一章中所引的段落知道。因此，我們把《神秘島》原書的這一段刪掉，把工程師之後的工作情形接在下面。

　　工程師取了昨夜做成而且已經用來測量了南十字座 α 星和地平線間角度的那個圓規。他仔細地量出這個角的度數：他把一個圓形分成 360 分，就可以用來測量角度了，這樣測得這個角是 10°。從而得出南極在地平線上的高度——把得出的 10° 加上所測的星離南極的角距 27°，再加上進行測量所站立的崗的高度，換算到海平面上的高度——是 37°。假如考慮到測量不夠準確所可能產生的誤差，可以說這個島的位置約在南緯 35° 和 40° 之間。

　　現在只剩下測知這個島的經度了。工程師決定在這天太陽經過島上子午線的時候把它也測算出來。

☞ *7.3* 　地理經度的測量

　　下面是儒勒·凡爾納在小說裡接下去講測定經度的幾段：

不過等於一度的三分之一），因此，斯密特工程師，正確地說應該是儒勒·凡爾納，沒有必要把這個很小的差數提出，把問題弄得太複雜。

　　但是，手頭上既然沒有任何測量儀器，工程師怎樣去斷定太陽經過島上子午線的時間呢？這個問題很令赫伯特關心。

　　工程師卻把這次天文測量所需用的一切東西都安排好了，他在沙岸上選了一塊被海潮沖刷得非常平整乾淨的地方，把一根六英尺長的木杆垂直地插在那裡。

　　這樣，赫伯特明白了工程師打算怎樣確定太陽經過島上子午線的時間，換句話說，就是確定島上的正午時間。原來工程師打算根據木杆投在沙地上的陰影來確定正午的時間。這個方法當然不夠精確，但是在缺少工具的情形下，它還是能夠得到令人滿意的結果。

　　木杆陰影最短的時候，將是島上的正午。因此，只要仔細觀察這個陰影端點的移動，留意陰影不再縮短而開始增長的時刻就夠了。這裡，木杆的陰影起著時針在鐘錶面上的作用。

　　根據工程師的計算，到了觀測的時間，他跪到地面上，把一些小木橛插到沙中，逐一標示由杆投出陰影的逐漸減短的長度。

　　記者（工程師夥伴之一）呢，手裡拿著一個錶，準備記錄陰影最短的時間。因為工程師是在四月十六日進行這個觀察的，而四月十六日是一年中真正正午和平均正午相吻合的四天之一，因此記者的錶所指示的時間，將和華盛頓（他們出發的地點）子午線的時間一致。

　　太陽慢慢地移動著，陰影也逐漸在縮短。終於，看到這個陰影開始變長了，工程師馬上問道：

　　「幾點鐘了？」

　　「五點零一分。」記者回答。

　　觀察完成了，現在只剩下做一個並不複雜的計算了。

　　根據觀測的結果可知，華盛頓子午線和這島上的子午線之間，時間上相差大約 5 小時。

這就是說，島上正午的時候，華盛頓已經是下午五點鐘了。太陽在周日運動中，每四分鐘走 $1°$，每小時走 $15°$。把 $15°$ 乘以 5（小時數），得 $75°$。

華盛頓的位置在格林尼治子午線（這是公認的本初子午線）西 $77°3'11"$ 的子午線上。因此，這島的位置大約在西經 $152°$ 上。

考慮到觀測的不精確，可以認為這個島的位置是在南緯 $35°$ 和 $40°$ 之間，西經 $150°$ 和 $155°$ 之間。

最後，我們要指出的是，測出一個地點的經度有好幾種各不相同的方法，儒勒·凡爾納書中主人公所採用的只是這些方法中的一個。此外，對於測量緯度，也有許多比我們這裡更精確的方法。舉例來說，我們的這個方法，對於航海就不適用。

黑暗中的幾何學

第 **8** 章

❀ *8.1* 在船艙底層

現在我準備把讀者從自由廣闊的田野和海洋中引到一條舊式木船的狹窄而黑暗的底艙裡去，馬因・里德[1]所寫的一部小說中的少年主人公就曾經在這裡圓滿地解答了一些幾何學上的問題，而他在這裡所處的環境，據我看來，一定是我們讀者在解答數學問題的時候未曾遇到過的。在《少年航海家》（又叫《在船艙底層》）那部中篇小說中，馬因・里德敘述了一個愛好航海的少年探險家的故事（圖 106），這位少年因為沒有錢交付旅行的費用，偷偷地藏到一艘船的底艙裡，在這裡意外地單獨度過了整段航行的時間。他在陰暗底艙裡的行李貨物之中摸索，找到一盒乾麵包和一桶水。這個伶俐的孩子很清醒

圖 106　馬因・里德小說中的少年航海探險家

1　馬因・里德（Thomas Mayne Reid，1818~1883）是世界著名的愛爾蘭裔美籍冒險小說家、兒童文學作家。他於 1853 年創作的《少年航海家》（Young Voyagers）受到了全世界兒童（特別是男孩子）的喜愛。其代表作有《皇家火槍手》（The Rifle Rangers，1850）、《白人酋長》（The White Chief，1855）、《無頭騎士》（The Headless Horseman，1866）等。

地知道，他必須非常珍惜地食用這有限的食物和水，一點也不能浪費。因此，他決定把麵包片和水依每天一定的分量分開來。

　　把乾麵包片按日一片片分開，不是一件困難的事，但是假如不知道水的總量，要怎樣決定每天配給的水量呢？這就是這位少年所遇到的大難題。下面我們來看一看他是怎樣解決這個問題的。

∞ 8.2　水桶的測量

　　馬因‧里德是這樣描寫少年航行家怎樣考慮測量水桶的：

　　我必須給自己定出每天飲水的配給量。因此，我首先必須知道，這個水桶裡面究竟有多少水，然後再把它按日分配開來。

　　辛虧在鄉村小學讀書的時候，老師曾經在算術課上，教了一點幾何學的初步知識，我已經有了對於立方體、角錐、圓柱、球的認識，同時我也已經知道，一個木製大型水桶，可以把它當做兩個大底面相接的圓台來看待。

　　為了算出我這大水桶的容量，必須知道木桶的高度（實際上是桶高的一半），然後必須知道桶底或桶頂的圓周長度以及水桶中截面的圓周長度，也就是水桶最粗部分的圓周長度。知道了這三個值之後，就能準確地計算出水桶中可以有多少個立方單位的容量。

　　我現在只剩下去測量這三個量了──可是，我的困難也正在這裡。

　　這個測量要怎樣進行呢？要知道這個水桶的高度並不難，它就在我面前；至於周長，我

就無法知曉了。我的個子太矮了，攝不到這桶的頂部，除此之外，周圍的那些箱子也礙事。

我手頭既沒有尺，也沒有可以用來量度的繩子，既然沒有任何量具，怎麼能確定它有多長呢？但是，在沒有從各方面詳細思考之前，我堅決不放棄這個計畫。

❸ 8.3 測量尺

馬因・里德接著講他的主人公怎樣取得關於水桶的幾個資料。

在堅決打算測量這水桶大小的時候，我忽然想到什麼是我現在所缺乏的東西。一根可以通過木桶最粗地方那麼長的木條，可以給我很大的幫助。如果我把這木條放到桶裡，兩頭抵住相對的桶壁，我就可以知道桶的直徑。現在只要把木條的長度乘上三，就可以求出圓周長度。這樣做自然不夠精確，但是對於平常的測量已經足夠了。我喝水所穿的孔，位置恰好在桶的粗部分，因此，只要把木條從這個孔伸進去，探到對面桶壁，就可以得出我所需要的直徑了。

可是，到哪裡去找木條呢？這事並不困難，我決定利用那個裝乾麵包片的箱子，而且馬上就開始了這個工作。雖然這個箱子的木板只有 60 公分長，而木桶卻比它粗上一倍。但是這並沒有造成多少困難，我只要做出三條短木條，再把它們連接起來，就可以得到足夠長的木條了。

我把木板順紋劈開，製成三條很光滑的短木條。用什麼把它們繫在一起呢？我利用了我的皮鞋帶，有將近一公尺長。用這帶子把三條短木條一條接一條繫緊後，我就得到一根有足

夠長度的長杆，大約長 1.5 公尺。

我開始測量，可是又碰到一個新的障礙。我的長杆竟不可能插進木桶，因為艙底下太狹窄了。而我又不敢把杆子彎曲，恐怕它會折斷。

馬上，我就想出一個把這根測杆插進木桶去的好辦法：我把鞋帶解開，把長杆分成原來的三條木條，先把第一條插進孔裡，然後把第二條木條綁到第一條的末端去，第二條放進去後，再綁第三條。

我把我的長杆一直插進去，直到另一端抵達對面的桶壁，然後在長杆上和桶外壁相合的地方做一個記號。只要把桶壁的厚度減去，就得到我所要測知的值了。

我把長杆用同樣方法取了出來，小心地記下各條木條互相連接的位置，以便一一從桶中取出後，再連到一起，來決定這長杆在桶裡的長度。因為，一個不大的錯誤可能在計算結果的時候引起很大誤差。

這樣，我已經量出圓台底面的直徑。現在需要求出木桶底面的直徑，也就是圓台的上底面直徑。我把長杆放在桶上，把桶底的相對兩點和長杆相交的地方做了記號，這工作就完成了。一共只花了不到一分鐘的時間。

現在只剩下量出桶的高度了。你一定會說，只要把長杆豎直放在桶邊，做出高度的記號就可以了。但是，我的房間是完全漆黑的，因此，即使把木杆豎直，我也無法看見它的上端究竟哪一點和桶底相平行。我只能用手來摸，用手摸到桶的上底，再摸到杆上和桶底相平行的地方。此外，豎在桶旁的長杆可能發生傾斜，那麼我就無法得到正確的高度了。

經過一番思考以後，我找到了排除這個困難的方法：我只把兩條短木條連接在一起，把另外一條放到桶的上面，使它有 30～40 公分長的一段露在桶邊外面，然後把長杆貼著它露

出的一段，並使長杆和木條之間構成一個直角，這樣，這長杆自然就和桶的高度相平行了。我在長杆和木桶最突出的地方就是桶的中部相交處做了一個記號，並減掉桶頂厚度，就得到了桶的半個高度，換句話說，得到一個圓台的高度。

現在，我手頭已經有了解答我的問題所需要的一切資料了。

∞ 8.4　還需要做些什麼

但是在少年航海家前面還有一些困難需要克服。馬因・里德接下去說：

把木桶的容量用立方單位表示後，再化成加侖[2]數，只要進行一些算術上的演算就完了，這並不是件難事。是的，演算的時候，我不可能找到紙筆，而且在一片漆黑的艙底下面，紙筆對我也一無用處。幸虧我從前時常用心算來演算四則題。現在這個題目數字也不太大，因此我對這件事沒有感到為難。

但是，我馬上又遇到了新的難題。我手頭一共有三項資料：圓台的高和兩個底面的直徑，但這三個長度的值究竟是多少呢？在做算術演算之前，這個問題必須首先解決。

起初，這個困難似乎是無法克服的。我身邊沒有任何量度用的尺，那麼就只好放棄演算這個題目的打算。

但是我忽然想起，在碼頭上，我曾經量過身高，我的身高是四英尺。這項資料對於我將會有什麼用處呢？我可以把四英尺的長度刻到長杆上，用它來做今後計算的基礎。

2　加侖是容量單位，英制加侖相當於 277 立方英寸（大約 $4\frac{1}{2}$ 升），一加侖等於 4 夸脫，一夸脫等於 2 品脫。

　　爲了量出我的身高，我在地板上挺直了身體，然後把長杆的一端放在腳尖前面，另一端貼著額頭。我用一隻手扶著長杆，另一隻手在正對我頭頂地方的長杆上做了一個記號。

　　接著，新的難題又來了。只有一根四英尺的杆是不實用的，必須分出更小的尺寸單位來。把四英尺的長度劃分成 48 個相等部分，就得到了英寸，然後一個個刻劃到這長杆上，這件工作看起來並不困難。這在理論上確實非常簡單，但是在實際上，特別是處在我現在的黑暗環境中，這事卻並不這麼簡單容易。

　　要怎樣在這四英尺長的杆上找出它的中點來呢？怎樣才能再把每半條分成兩等段，然後把每段分爲彼此相等的 12 英寸呢？

　　我是這樣開始做的：首先我準備了一條比兩英尺略長的木棒，我用它量了量長杆上四英尺的長度，知道這木棒的兩倍長度比四英尺長些。我把木棒弄短些再試，這樣試了幾次，終於，在第五次的時候，我得到了長度恰好的一條棒，把它量兩次恰好等於四英尺。

　　這花了我許多時間。但是我的時間真是太多了，因此，我甚至爲此而高興，因爲這樣才能有點事情可做。

　　接下來我又想出了可以縮短以後做同類工作的時間的方法，我用鞋帶代替了木棒，因爲鞋帶很容易對折成兩段相等的一半。我把兩條鞋帶接起來，開始了工作，馬上我就有了長一英尺的一段。一直到現在爲止，都只要分成兩個等分，這比較容易。但是下面要分成三個等分了，這就要難些。可是這點事我也做到了，於是我手中有了三段各長四英寸的鞋帶。現在只剩下把它對折一次，再折一次，就可得到一英寸的長度。

　　現在，我已經有了方才所缺少的東西，可以用來在長杆上刻出英寸的分度。我依著我的鞋帶一小段的長，仔細地刻到長杆上，一共分成了 48 個部分。於是我手中就有了一根劃分

到英寸的量尺，可以用來量出這三個長度的值了。這個對我有重大意義的算題，一直到現在才有了算完的可能。

我馬上著手計算。量出了兩個底面直徑的英寸數後，我取了兩者的平均長度，算出這個平均直徑的圓面積，於是我就得到一個和圓台同大小的圓柱的底面面積。把這個值乘上高度，就算出了這個容積的立方英寸數。

把所得到的立方英寸數除以 69（69 是每夸脫所含立方英寸數）[3]，我知道了這個木桶中的夸脫數。

這個木桶中一共容納著一百多加侖（實際數字是 108 加侖）的水。

∞ 8.5 驗算

懂得一些幾何學的讀者們，不成問題會發覺馬因·里德小說裡的少年主人公所採用的兩個圓台體積的計算方法不是完全精確的。假如（圖 107）用 r 表示兩個小底面的半徑，用 R 表示大底面半徑，用 h 表示桶高，也就是每個圓台高度的兩倍，那麼那少年所得到的容積可以用下式表示：

$$\pi\left(\frac{R+r}{2}\right)^2 h = \frac{h}{4}(R^2 + r^2 + 2Rr)$$

但是，假如按照幾何學的做法採用計算圓台體積的公式，我們所求的容積應該等於

$$\frac{\pi h}{3}(R^2 + r^2 + Rr)$$

3　見 196 頁。

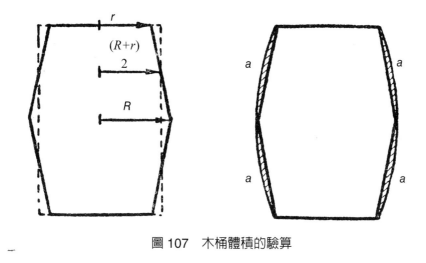

圖 107　木桶體積的驗算

這兩個式子並不相等，而且不難看出，第二式比第一式要大出

$$\frac{\pi h}{12}(R-r)^2$$

懂代數的人會知道，這個差數 $\frac{\pi h}{12}(R-r)^2$ 是一個正數，這就是說，少年航海家的方法得出的結果比實際情形要小。

確定究竟會小多少，是一個很有趣的問題。按照一般情形，木桶的最粗部分大多製成比底面直徑大 $\frac{1}{5}$，就是 $R-r=\frac{R}{5}$。假定那少年的木桶恰好屬於這種形狀，我們就可以找出所求得的兩個圓台的容積和它們真正容積之間的差來：

$$\frac{\pi h}{12}(R-r)^2=\frac{\pi h}{12}\left(\frac{R}{5}\right)^2=\frac{hR^2}{300}$$

大約是 $\frac{hR^2}{100}$（假設 $\pi=3$ 的話）。這樣看來，那少年的計算方法所得誤差等於以木桶最大截面的半徑做底面半徑、以木桶高的 $\frac{1}{300}$ 做高的一個圓柱的容積。

還有，這裡還得把所得結果加大一些，這是因為木桶的容積不成問題要比兩個相疊圓台的容積大。這一點可以從圖 107（右）中看到，那少年用來測量木桶容積的方法是把 a、a、a、a 各部分（有陰影線的部分）去掉。

上面測算木桶容積的方法，並不是馬因・里德的那位少年航海家自己想出來的，許多初等幾何學的書籍上都把它作為求木桶容積近似值的簡便方法。應該指出的是，想要十分準確地計算這種木桶的容積是很不容易的。對於這個題目，早在 17 世紀，德國天文學家克卜勒也曾經用過一番心血，在他遺留下來的數學論文中，有論木桶容積計算方法的專門著作。直到今天為止，還沒有找到一個簡單而精確的幾何學上的計算方法。現有的只是從實際經驗中總結出來的近似計算方法。比如在法國南部，就是用下列簡單公式來計算的：

木桶容積=3.2hRr

這個公式，在實踐中證明了它非常合用。

還有一個問題也很有趣：為什麼一定要給木桶造出這麼不便於測量它的容積的形狀（凸肚圓柱）呢？不能把它製成標準的圓柱形狀嗎？圓柱形狀的桶子雖然很多，但是它們都是金屬製成的（例如煤油桶），而不是木製的。那麼，為什麼木桶一定要做成凸肚形狀呢？這種形狀有什麼好處？

木桶必須造成凸肚的形狀，它的好處在於能夠很容易把桶箍緊套在木桶上。用木槌把每個桶箍逐個向凸肚部分盡量敲去，桶箍將會牢固地箍在木桶上，使木桶達到所需的堅固

程度。

　　根據相同理由，所有木製水桶、水盆等，都必須做成圓台形狀而不是圓柱形狀，這裡的桶箍也是用同樣方法逐漸敲向粗的地方而把水桶箍緊的（圖 108）。

圖 108　把桶箍敲向凸肚部分，可以把桶箍緊

　　這裡我打算順便讓讀者知道一點克卜勒對於這件事的見解。在發現行星運動的第二、第三兩個定律之間的時期中，這位數學家注意到了凸肚木桶的形狀，他甚至拿這問題做題目，寫出了一篇數學論文《酒桶的立體幾何學新論》。他的論文是這樣開頭的：

　　酒用的大桶子，根據材料、製造和使用上的需要，有和圓錐、圓柱相近的圓的外形。液體如果常常保存在金屬容器中，會因為銹蝕而敗壞；玻璃器和陶器不夠大，而且並不堅固；石製器皿又太重，也不適用，剩下的辦法只有把酒裝在木製容器裡保藏。用整株樹幹來挖成木桶也不夠大，而且不容易造出那麼多，就算可以，它們也會破裂的。因此，這種木桶必須由一片片的木板拼湊製成。為了避免液體從拼縫間滲漏，用任何材料填塞或其他什麼方法都是不可能的，唯一的辦法只有用箍把它們箍緊……

　　假如用木板可以製成一個球形容器，那是最理想的事。但是，把木板箍成球形是不可能的事，因此只好考慮圓柱形。但是這個圓柱形必須是個不十分標準的圓柱形，否則的話，一旦箍子鬆了一些，就沒有用了，沒有方法再把它箍緊。因此，這個圓柱形必須有圓台的形狀，從桶的中部向兩個底面收縮。只有這個樣子，箍子鬆後才能向粗處移緊，這樣形狀的桶子，既便於汲取裡面所盛的液體，又便於用火車搬運，還有，它由相似的兩半組合而成，滾動起來最為便利，而且樣子也很美觀[4]。

4　讀者千萬別誤會，認為克卜勒這篇關於木桶的論文只是這位數學家消遣用的小玩意。不，這是一篇嚴肅的作品，這裡他首先把無窮小和微積分原理引入到幾何學中。這個酒桶以及計算它的容積的題目，把克卜勒引到更深而更有成果的數學思想境地中了。

○ 8.6　馬克‧吐溫的夜遊

　　馬因‧里德筆下的航海少年，在那麼惡劣環境中能夠表現出這樣的機智和靈巧，不能不使人折服。像他所處的那種完全黑暗之中，大多數的人甚至不可能正確辨別方向和自己的位置，更不要說要他們在這種條件下完成某些測量和計算了。可以和馬因‧里德的故事作一對比的，是馬因‧里德的同國人，大幽默家馬克‧吐溫的一件趣事——他在旅館的一間黑暗房間裡旅行了一整夜的歷險記。在這篇故事裡，很成功地說明了在一間暗房裡，假如對房裡陳設並不熟悉的話，想要讓自己對於這普通陳設的房間有一個正確印象，那將是件多麼困難的事。下面就是馬克‧吐溫所寫《國外旅行記》中這個有趣故事的摘錄：

　　我醒了，感覺到口中發渴。我腦中浮起一個美好的念頭——穿起衣服來，到花園裡換換空氣，並在噴水泉旁邊洗個臉。

　　我悄悄地爬了起來，開始找尋我的衣物。我找到了一隻襪子。至於第二隻在什麼地方，我卻沒有辦法知道。我小心地下了床，在四周爬著亂摸了一陣，可是一事無成。我開始向更遠的地方摸索。我越走越遠，襪子沒有找到，卻撞到傢俱上了。當我就寢的時候，四周的木器並不是這樣多的，現在呢，整個房間都充滿了木器，特別是椅子最多，彷彿到處都是椅子。不會是在這段時間中又搬來了兩戶人家吧？這些椅子我在黑暗中一張都看不到，但我的頭卻不斷撞到它們。最後，我下了決心，少一隻襪子也一樣可以生活。我站了起來，向房門（我這樣想）走去，卻意外地在一面鏡子裡看到了我朦朧的面孔。

　　這已經很清楚了，我迷失了方向，而且連自己是在什麼地方，一點印象也沒有。假如房

裡只有一面鏡子，那麼它將會幫助我認清方向，但是不幸偏偏有兩面，而這卻和有一千面同樣糟糕。

我想順著牆走到門口。我又開始了我的嘗試，沒想到竟把一幅畫撞了下來。這幅畫並不很大，卻發出了像掉落一幅巨大畫作的響聲。葛里斯（我同房間睡在另一張床上的鄰人）並沒有翻身，但是我覺得假如我照樣繼續下去，那麼就必定會把他驚醒。我開始向另一個路嘗試。我又重新找到那張圓桌子（我剛才已經有好幾次走到它旁邊）打算從那裡摸到我的床上，假如找到了床，就可以找到盛水的玻璃瓶，那麼至少可以解一解不可耐的口渴了。最好的辦法是用兩臂和兩膝爬行，這個方法我已經嘗試過，因此對它比較信任。

終於，我到底是找到了桌子，我的頭碰到了它，發出了比較不大的響聲。於是，我再站了起來，向前伸出了張開五指的雙手來平衡自己的身子，就這樣蹣跚前行。我摸到了一把椅子，之後是牆，又是一把椅子，然後是沙發、我的手杖，又是一個沙發。這很使我驚奇，因為我清楚地知道，這房間中只有一個沙發。之後我又碰到桌子，並且又撞疼了一次。後來又碰到一些椅子上。

在那個時候我才想起，我早就應該怎樣走，因為桌子是圓形的，因此不可能作為我「旅行」的出發點。我帶著僥倖心理向椅子和沙發之間的空間走去，但是我陷入一個完全陌生的境地中，途中把壁爐上的蠟燭台撞了下來，接著撞下了台燈，最後連盛水的玻璃瓶也砰一聲落地打碎了。

「哈哈」，我心裡想道，「我到底把你找到了，我的寶貝！」

「有賊！捉賊呀！」葛里斯狂喊起來。

全房子馬上人聲鼎沸。旅店主人、旅客、僕人紛紛拿著蠟燭和燈籠跑了進來。

我四面望了望：我竟是站在葛里斯的床邊。靠牆的只有一個沙發，只有一張椅子是我能夠碰到的，我整個半夜像行星一樣繞著它轉，又像彗星一樣和它碰撞著。

根據我的步測計算，知道這一夜裡我一共走了 47 英里路程。

這篇故事最後一段誇大得令人無法置信，在幾小時之內走 47 英里路是不可能的事，但是其他各節卻相當真實，而且具體地表現了當你在一間不熟悉的黑暗房間裡胡亂碰撞所發生的喜劇性的困難。因此我們更應該對馬因·里德的少年主人翁的精妙方法和堅強毅力予以應有的評價，因為他不但會在黑暗中辨認方向，而且在這不平常的條件下解答了相當不容易的數學算題。

∞ 8.7　瞎轉圈子

從馬克·吐溫在暗室中轉了半夜圈子這一件事，可以指出一個很有趣的現象：當你把人們的眼睛蒙上的時候，他們不可能沿直線方向行走，而定會要斜到一邊去，雖然他們以為自己正在沿直線前進，事實上已經走成了弧形（圖 109）。

同樣，很久以前就已經注意到，沒有攜帶指南針在荒漠中、在暴風雨中的草原上或在濃霧中的旅行家，都不能走成直線方向，而繞著圈圈打轉，接連多次回到他的出發點。他們所走的圓圈，半徑為 60 ～ 100 公尺，他們走得越快，圈子的半徑就越小，也就是說，他走路方向的偏差也越大。

人們也曾做過一些實驗來研究行人不能走成直線而走曲線的情形。下面就是這種實驗

所說的一段。

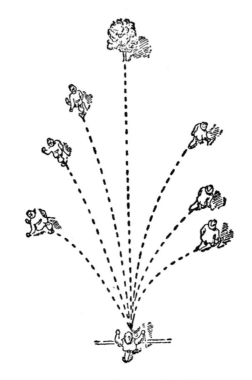

圖 109 蒙上眼睛的行進

在綠色平滑的飛行場上，整齊地排列著 100 名未來飛行員。人們把他們的眼睛都包了起來，然後叫他們一直向前走去。他們邁步走了……起初，他們走得還直，接著，一些人就漸漸向右偏轉，另一些人向左偏轉，逐漸轉起圈子來，最後他們又踏上了自己已走過的足跡。

在威尼斯的瑪律克廣場上有一次類似的實驗（圖 110），也是很出名的。把一些人的眼睛蒙上後，把他們送到廣場的一端，面對前面的一座教堂，然後叫他們走到教堂去。雖然這裡要走的路一共只有 175 公尺，他們卻沒有一個人能夠到達寬有 82 公尺的教堂的面前，都偏斜到了一邊，走成弧線，一直撞到兩旁的柱子上。

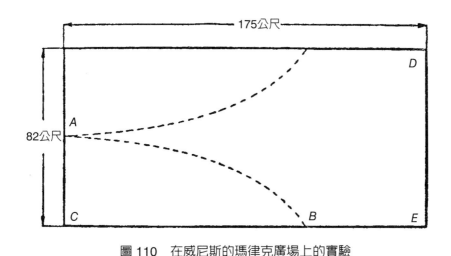

圖 110　在威尼斯的瑪律克廣場上的實驗

讀過儒勒·凡爾納的《哈特拉斯冒險記》的人，或許還記得這位旅行家在積雪的荒漠裡碰到了什麼人的腳印的那一段：

「這是我們的腳印，我的朋友們！」博士喊道。「我們在大霧中迷了路，竟又摸回到自己的腳印上來了……」

描寫類似情形的古典文學作品，有托爾斯泰的《主人和工人》中的一段：

瓦西利‧安德列把他的馬向著他不知怎麼會認定有樹林和道路的那邊趕去。雪花使他兩眼無法睜開，風呢，彷彿正想使他停下來別再前進，但是他的身子向前傾，毫不停留地繼續趕著他的馬。

他走了五分鐘了，覺得路線走得很直，除了馬頭和一片白色荒原，他什麼也看不見。

突然，他面前有什麼烏黑的東西。他高興得跳了起來，向這個烏黑地方馳去，已經看見那片烏黑中的村屋牆壁了。可是這個黑色東西竟是一株長在田畦上的高大的苦艾。這株被狂風所摧殘的苦艾的形狀，不知怎麼竟使瓦西利‧安德列戰慄了一下，他開始加緊鞭策他的馬，卻沒有注意到當他向這株苦艾接近的時候，他已經完全改變了原有的方向了。

他的前面又看到烏黑的一片什麼東西了，這又是一片種著苦艾的田畦。仍舊是被狂風摧殘過的那種景象。在它的旁邊是一些被風吹得朦朧不清了的馬蹄印。瓦西利‧安德列停了下來，彎下了腰，仔細地審視了一番：這些多少已被風吹亂了的腳印，是些馬蹄的印痕，這正是他的那匹馬的腳印。看來，他是在不大的空間中打了一個轉了。

挪威的一位名叫古德貝克的生理學者，對這種閉了眼睛打轉的問題做了專題研究（1896年），他蒐集了許多經過仔細檢定的類似情形的實例。下面我們舉兩個例子。

三個旅行者在一個雪夜裡放棄了大路不走，想從寬4公里的山谷中穿出去，依著圖上虛線所示的方向（圖111）走回家去。途中他們不自覺地向右側偏了過去，成了像圖中箭頭所示的

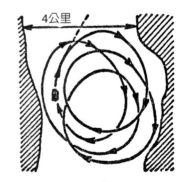

圖111　三位旅行家轉的圈圈

曲線。走了一段時間，他們覺得按時間計算，應該已經到達目的地了，事實上，他們卻又走上了那條剛才走的大路上。他們再次離開這大路出發，豈知這次偏差得更多了，結果又走回了原來的出發點。第三次、第四次的結果都是一樣。在失望中，他們又做了第五次嘗試，得到的結果卻仍是一樣。走了五圈以後，他們只好放棄了他們的計畫，在山谷中坐待天明了。

　　更困難的是在昏暗無星或濃霧重重的天氣下，在大海裡把一艘小艇划成直線航行，下面是許多類似例子中間的一個。一些划船的人想在濃霧中划過一個 4 公里寬的海峽，他們兩次划到了對岸的近旁，只是沒有到達，而是毫無所知地在海峽中划了兩個圈子，最後呢，划到了……原來出發的地方（圖 112）。

圖 112　濃霧中在海峽划船的路線

　　這種迷失方向的情形，一般動物也同樣會發生。北極探險家會告訴你，那些拖拉雪橇的動物是怎樣在雪地上畫著大圓圈。如果把一隻狗的眼睛蒙上，把牠放到水裡游泳，那麼牠也會在水裡打起圈子來。瞎了眼的鳥兒也會在空中打著圈子。被槍擊傷的野獸，由於恐慌而失去了辨別方向的能力，牠逃竄的路徑也不是直線而是螺旋線。

　　動物學家證明了，蝌蚪、螃蟹、水母，甚至一滴水裡的微生物阿米巴，牠們全都是沿曲線方向行動的。

　　那麼，人和動物在黑暗中不可能走成直線而必然走成曲線，究竟是什麼原因呢？

　　這個問題看來似乎有點神秘，但是，假如人們正確地提出這問題，那麼這種神秘就不存在了。

　　我們不應該問為什麼動物都走圓圈圈，而應該問，要他們走直線，必須具備什麼條件？

　　我們可以先想一想，裝有彈簧的兒童玩具汽車是怎樣走動的？這種車可以沿著直線行進，但是有些也會離開了直線，向一邊斜著跑去。

　　對於這種走曲線的汽車，並不會覺得有哪裡奇怪，每一個人都會猜到它之所以走曲線的原因：一定是右邊的輪子和左邊的不一樣大。

　　因此，人和動物走路的時候，只有兩腿肌肉工作得完全相同，那麼，他才可以無需眼睛的幫助就會走成直線，這一點是可以理解的。問題也正在於人和動物的身體發展得並不完全對稱。大多數的人和動物，他們的右邊肌肉發育得和左邊的不同。自然，一位步行者，如果他的右腿每走一步總比左腿遠一些的話，那麼就一定不可能沿直線向前行進。在這情形下，除非由眼睛來幫忙修正走路的方向，否則一定會向左邊偏斜過去。划船的時候也是這樣，當他在濃霧中不可能辨認方向的時候，假如他的右臂比左臂有力的話，就必定會向

左邊拐去。這是幾何學上必然的事。

我們不妨假設，當你伸出左腿前進的時候，要比右腿伸得長一毫米，那麼兩腿交替著各走一千步後，這個人的左腳就將多走上 1000 毫米，就是比右腳多走整整一公尺。這樣的話，就不可能要這兩條腿走出互相平行的兩條直線，只能走成兩條同心圓的圓周了。

我們甚至可以利用剛才說的在雪地中打轉的那個圖樣，來算出這幾位旅行者的左腿比右腿邁的步子長了多少。我說他們的左腿邁的步子比右腿長，是因為他們走成的路線是拐向右邊的。左右兩腿走路的時候踏腳線間的距離（圖 113）大約是 10 公分，就是 0.1 公尺。當這人走一整個圓周，他的右腿走的路途是 $2\pi R$，左腿是 $2\pi(R+0.1)$，式中 R 是這個圓周的半徑，以公尺計。$2\pi(R+0.1)$ 和 $2\pi R$ 的差數是

$$2\pi(R+0.1)-2\pi R=2\times 0.1$$

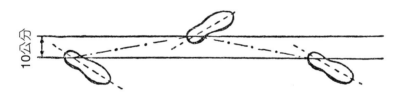

圖 113　走路時左右兩腿的踏腳線

就是 0.62 公尺或 620 毫米，這個差數實際上就是左右兩腿行走步數總長度的差數。由圖 111 可以看到這幾位旅行者所走成的圈圈，直徑大約是 3.5 公里，也就是這圈圈的圓周長大約是 10000 公尺。假設每步長度平約等於 0.7 公尺的話，那麼走了一個圈子就一共邁了 $\frac{10000}{0.7}$ =14000 步，其中 7000 步是左腳邁出的，另外 7000 步是右腳邁出的。於是我們知道了，

7000 個左腳步比 7000 個右腳步長出 620 毫米，可知每一左腳步比每一右腳步長出 $\frac{620}{7000}$ 毫米，就是還不到 0.1 毫米。你看，腳步上的差別雖然只有這一點點，但是能夠引起多麼驚人的結果！

迷路的人所走圈圈半徑的大小，取決於左右兩腿邁的腳步長度的差數。這個關係不難確定下來。如果每步長度等於 0.7 公尺，在一圈之中所走步數等於 $\frac{2R}{0.7}$，式中 R 是圓圈的半徑，以公尺計，其中左腳的步數一共是 $\frac{2R}{2\times0.7}$，右腳步數也一樣。把這個數乘上腳步長度的差數 x，就可以得到左右兩腳所走成的兩個同心圓周的長度差，就是

$$\frac{2\pi\times Rx}{2\times0.7}=2\pi\times0.1$$

或 $$Rx=0.14$$

式中 R 和 x 都以公尺計。

根據這一個簡單的公式，假如步長差數已知，就可以很容易計算出走成圈圈的半徑，反過來說也一樣。例如，我們可以確定在威尼斯的瑪律克廣場上實驗的人們所走的圓周的最大半徑。由於這種圓的「矢」$\overline{AC}$ 等於 41 公尺，而半弦 $\overline{BC}$ 不超過 175 公尺（圖 110），$\overline{AB}$ 弧的半徑可以由下式求出：

$$\overline{BC}^2=2R\cdot Ae+Ae^2$$

取 $\overline{BC}$=175 公尺，得到：

$$2R=\frac{\overline{BC}^2-\overline{AC}^2}{\overline{AC}}=\frac{175^2-41^2}{41}\approx700$$

由此得出 R，也就是半徑的最大值大約是 350 公尺。

因此算出瑪律克廣場上的人們所走的圓圈的最大半徑只不超過 350 公尺。

知道了這一點，我們可以從前面得出的公式 $Rx=0.14$，求出步長差數的最小值：

$$350x = 0.14$$

得到
$$x=0.4毫米$$

因而，參加實驗者左右兩腿每步長度的差數不小於 0.4 毫米。

有時我們或許會有機會談到或聽到，說是在無法辨別方向的情形下走路走成圈圈，是因為左右兩腿的長度不同，這樣說的人認為由於許多人的左腿比右腿略長一些，他們在走路的時候就不可避免地一定會偏到右邊去。這樣解釋在幾何學上看來是錯誤的，這裡重要的只是腳步的長短，而和腿的長短無關。由圖 114 中可以看出，即使兩條腿在長短上不同，但是它們仍舊可以走出同樣長度的腳步，假如在走路的時候每條腿都邁成相等的角度的話，換句話說，就是 $\angle B'=\angle B$。因為在這情形下 $\overline{A'B'}$ 總等於 $\overline{AB}$，$\overline{B'C'}$ 也總等於 $\overline{BC}$，那麼 $\triangle A'B'C'=\triangle ABC$，因而 $\overline{AC}=\overline{A'C'}$。相反地，即使兩條腿的長度完全相等，但是如果走路的時候一條腿邁得比另一條遠些，走出的步長就不相同。

划船的情形也完全相同，當你右手划槳所用的力量比左手略大的時候，那就必然會使你的小艇向左邊拐去並繞起圈子來。左右腳所走步長不同的動物，或左右翅用力不同的鳥類，在不可能用視覺改正行進方向的時候，即使兩手、兩腳或兩翅間用力的差別極為有限，同樣一定會繞起圈子來。

從這個觀點來看剛才所講的事實，就把原來存在的神秘性一掃而空，事情就變得很自然了。一個人或是一個動物，假如他能夠不需要用眼睛的幫助，而走出完全直線方向的話，

那才眞是怪事。因爲，爲了走成直線，身體各部必須有完全幾何對稱的形狀，然而這在生物界是絕對不可能的事情。只要數學上的完全對稱有了極小的偏差，那就必然會引起沿弧線方向的行動。因此，我們剛才所驚奇的並不是一件怪事，而我們曾經認爲自然的事情，才是眞正不可思議的事情。

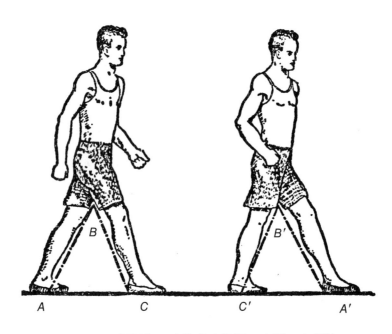

圖 114　假如每一步的角度相同，步長一定相等

　　人類不可能保持直線行進，對於人們其實並沒有很大的妨礙，指南針、道路、地圖等，都會在大多數情形下解除人們由於這個缺點所可能引起的困難。

對於動物，特別是對於荒漠、草原或無邊海洋上的動物，由於身體不對稱使牠們不能直線行進而轉圈子，卻不是一件小事，而是牠們生命活動中的一個重要因素。這就像有一條看不見的鎖鏈把牠們羈留在生長的地方，使牠們不可能離開得太遠。比如說一頭獅子，在大草原上走得稍遠一點，不可避免地要回到原處。離開出生地的岩崖飛向海洋的鷗鳥，不會不飛回牠的母巢。可是，許多鳥類卻可以沿著直線飛越大陸或海洋，這是一個謎。

○ᴈ *8.8*　徒手度量法

馬因‧里德那位航海少年，之所以能夠順利地解答了他的幾何題目，完全是因為在出發前不久，他曾經量過一次身高，而且牢牢地記住了身高的尺寸。假如我們每個人都有那麼一支「活尺」，需要的時候可以用來度量，那該多好。還有，如果我們能夠記住大多數人伸直手臂左右平舉，兩手的指端間長度恰好等於他的身高（圖 115），那也是很有用的。這個法則是藝術家和學者達文西提出來的，它使我們在使用「活尺」的時候，比馬因‧里德的航海少年所用的方法方便一些。一個成年人的平均身高大約是 1.7 公尺，或 170 公分，這很容易記住。但是，我們不應該滿足於這個平均數，每個人應該精確地量出自己的身高和平舉的兩臂的長度。

為了在沒有度量工具的時候度量比較短的長度，最好把你大拇指和小指間打開的最大距離量出並記住（圖 116）。對於成年男人，這個距離大約等於 18 公分。青年人就少些，慢慢地隨著年齡而增加，到 25 歲左右為止。

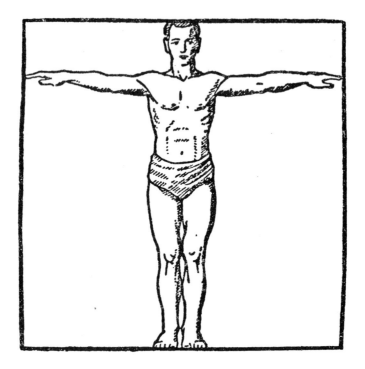

圖 115　達文西的法則

　　還有，也為了這一個目的，最好把你的食指長度量出記住。食指長度要測定兩種，從中指根上算起（圖 117）和從拇指根上算起。此外，食指和中指間的最大打開距離也應該知道，這距離在成年人大約等於 10 公分（圖 118）。最後，還應該知道你各手指的寬度。

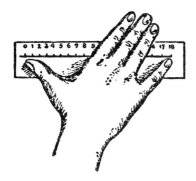

圖 116　兩指端間距離的度量

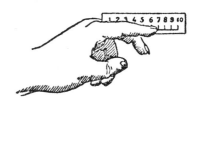

圖 117　食指長度的度量

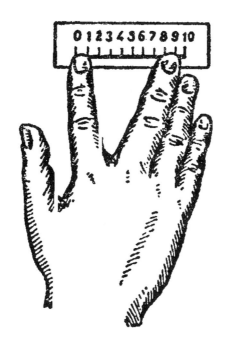

圖 118　兩指端間距離的度量

中間三根手指併在一起的總寬度大約是 5 公分。

有了這些資料，你就可以相當順利地赤手空拳去完成各種各樣的度量了，即使在黑暗中也行。圖 119 表示這種度量方法的一個例子，這裡用手指在度量一個杯子的周長，以平均值來說，這個杯子的周長等於 18+5，就是 23 公分。

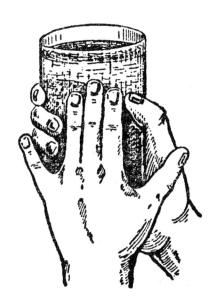

圖 119　徒手度量杯子的周長

∽ 8.9　黑暗中的直角

【題】讓我們再回到馬因·里德的那位航海少年的數學上來，給自己出一個這樣的題目：

他要做出一個直角，應該怎麼辦？我們在原小說中讀到：「把長杆貼著它（短木條）所露出的一段，並使長杆和木條之間構成一個直角。」但是這個動作是在完全黑暗中進行的，只靠手指的觸摸，因此可能造成很大的誤差。可是那少年在那種條件下卻有一個相當可靠的建構直角的方法。是怎樣的方法呢？

【解】只要運用畢氏定理，用三條木棒構成各邊有一定長度的直角三角形，就可以得到一個直角了。最簡單的是把三角形的三邊長分別取 3、4 和 5，單位不拘（圖 120）。

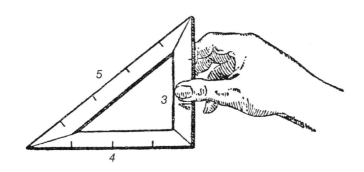

圖 120　一個最簡單的邊長都是整數的直角三角形

這是一個古老的方法，幾千年前就被廣泛採用，一直到我們這個時代，在建築工作上還時常會用到它。

第 9 章

關於圓的新舊資料

Geometry

$a + b = c$
$c > 0$

CB *9.1* 埃及人和羅馬人的實用幾何學

　　今日，任何一個中學生，在知道了如何利用直徑計算圓周長以候，都已經能比埃及的祭司或羅馬帝國最有本領的建築家計算得更加精確了。古時候的埃及人認為圓周長是直徑長的 3.16 倍，羅馬人認為是 3.12 倍，實際的倍數卻是 3.14159……埃及和羅馬的數學家不像後代的數學家那樣使用嚴格的幾何學來計算，他們確定圓周長和直徑的比，完全是根據經驗的。那麼，為什麼他們會得出這樣大的誤差呢？難道他們不會用條絲線繞在一個圓形的東西上面，然後把它解開，量出它的長度來嗎？

　　無疑地，他們正是這樣做的，但是，你千萬不要以為這樣做一定會得到很好的結果。你不妨假設有一個 100 毫米直徑的圓底花瓶，這個瓶底的圓周長應該等於 314 毫米。可是，實際上如果你用一條細線來量的話，恐怕就不一定能得到這個數目。量出的誤差有 1 毫米是很普通的，那時算出的 π 值將等於 3.13 或 3.15。還有，花瓶直徑不可能量得完全精確，也很可能發生 1 毫米的誤差，因此，所得到的 π 值將在 $\frac{313}{101}$ 和 $\frac{315}{99}$ 之間，如果用小數表示，就是在 3.09 和 3.18 之間了。

　　你可以發現，用這種方法來確定 π 的值，我們得到的結果會和 3.14 不符，而是 3.1、3.12，或是 3.17 等。其中偶然也會遇上 3.14，但是這個值在計算的人眼裡並不會比其他值有更重要的意義。

　　使用類似的實驗方法，無論如何都不可能得到比較精確的 π 值。因此古人不知道圓周長和直徑的正確比值，需要藉由阿基米德不用度量而用思考的方法，來找出 π 值等於 $3\frac{1}{7}$。

∝ 9.2　圓周率的精確度

在古代阿拉伯數學家穆罕默德・本・木茲氏的《代數學》裡，關於圓周計算，我們可以讀到下列幾行文字：

最好的方法是把直徑乘以 $3\frac{1}{7}$，這是最迅速最簡單的方法。只有上帝才知道比它更好的方法了。

現在呢，我們知道，阿基米德用 $3\frac{1}{7}$ 表示圓周和直徑的比值並不是完全精確的。理論已經證明，這個比值根本不可能用任何一個精確的分數來表示。我們只能把這個比值寫成某個近似值，不過，實際上它的精確度超過任何最苛刻的要求。

關於圓周和直徑比值比較精確的計算，最早要推到中國的劉徽和祖沖之。劉徽在西元 3 世紀用「割圓術」求得圓周和直徑的比值的近似值為 3.14，並且提出用他的方法還可以繼續求得更精確的近似值 3.1416。而祖沖之在西元 5 世紀就推算出這個比值在 3.1415926 和 3.1415927 之間。

圓周和直徑的這個比值，叫做圓周率。從 18 世紀開始，就用 π 這個希臘字母來表示。

16 世紀，歐洲有人計算出 π 精確到小數點後 35 位的值，並宣布將其刻在自己的墓碑上（圖 121），也就是：

3.141　592　653　589　793　238　462　643　383　279　502　88……

19 世紀德國的聖克斯又計算出 π 到小數點後 707 位的值。像這樣長長一排用來表示

π 近似值的數字，實際上無論在實用還是在理論上都毫無價值，除非是無所事事追求創造「紀錄」，才會產生想超越聖克斯的願望。1946～1947年，菲爾古松（曼徹斯特大學）和維仍其（來自華盛頓）分別算出了 π 到808位的值，並因發現了聖克斯的計算結果從小數點後528位起有錯誤而感到榮幸。

如果我們知道地球的精確直徑，想極精確地算出地球赤道的圓周長，要求精確度達到1公分，那我們也只要用小數九位的 π 值就足夠了。假如使用了小數十八位（比前面多一倍）的 π 值，我們就可以算出以地球到月球間距離做半徑的圓周長，而誤差不超過 0.0001 毫米（只有一根頭髮的 $\frac{1}{100}$ 的粗細！）。俄羅斯數學家克拉維清晰地向我們展示出，即使將 π 的值計算到小數點後一百位也完全沒有意義了。

有人算出，假如有一個球體，它的半徑等於由地球到天狼星的距離，也就是132後面加十個0的公里或 132×10^{10} 公里，在這個球中裝滿微生物，假定球中每一立方毫米有 10^{10} 個微生物，然後把所有微生物列在一條直線上，使每兩個相鄰微生物間的距離等於從天狼星到地球的距離，那麼，拿這個幻想長度來做圓的直徑，如果把 π 的值取到小數一百位的話，可以算出這個巨圓的圓周長，精確到毫米。對於這個問題，法國的天文學家阿拉戈說得很對：「從精確度的意義上來說，即使圓周長和直徑之間存在一個以完全精確數字表示的比值，我們也不可能由此得到更好的什麼用途。」

為了能夠記住 π 的值，人們構思出了專門的詩歌或者小故事。

圖 121　數學碑文

例如：

山巔一寺一壺酒，（3.14159）

兒樂，苦煞吾。（26，535）

把酒吃，酒殺兒。（897，932）

殺不死，樂兒乎。（384，626）

……

這個諧音「圓周率」故事，可以記到小數點後 100 位。

對於一般性質的計算，π 的值只要用到小數二位（3.14）就夠了，對於更精確的計算，要用到小數四位（3.1416，最後一位用 6 而不用 5，是根據四捨五入的原則）。

☯ 9.3 傑克‧倫敦的錯誤

傑克‧倫敦的小說《大房子裡的小主婦》為幾何學的計算提供了一個題材：

有一段鋼杆深插在田地中央。杆的頂端繫著一條鋼索，鋼索的另一端繫在田地邊緣的一部拖拉機上。司機壓下了起動杆，引擎就開動起來。

拖拉機向前駛去，以鋼杆為中心在它四周畫了一個圓圈。

「為了徹底改善這部拖拉機，」格列漢說，「您還要做一件事，就是把它所畫出的圓形

改變成正方形。」

「對了，這樣的耕作方法用在方形的田地上，會荒廢掉許多土地的。」

格列漢做了一些計算，然後他發現：

「幾乎每十英畝要損失三英畝之多。」

「不會比這少的。」

現在請讀者來檢驗一下他的計算是否正確。

【解】他的計算結果是不正確的，損失的土地比全部土地的十分之三還要少。假設這塊正方形田地的邊長是 a，那麼這塊田地的面積是 a^2。而它的內切圓直徑也等於 a，面積是 $\frac{\pi a^2}{4}$。這樣，正方形田地裡剩下的部分應該是：

$$a^2-\frac{\pi a^2}{4}=(1-\frac{\pi}{4})a^2=0.22a^2$$

可見，正方形田地裡未經耕種的部分，並不像這位美國小說家所寫等於 30%，而只有大約 22%。

♋ 9.4　擲針實驗

計算 π 的近似值有一個最有趣而意想不到的方法：準備一些不長的縫衣針（大約 2 公分長），最好把針尖去掉，使整根針都有相同的粗細，再在一張白紙上畫出許多平行的直線，各線之間的距離必須等於針長的兩倍。然後，把針逐一從高處（任意高度）擲向紙上，

看針是不是和某一條直線相交叉（圖 122 左）。為了使針落到紙面上時不至於跳起，最好在紙的底下鋪一層厚紙或是呢絨之類的東西。擲針要進行多次重複，比如一百次，一千次則更好，每次都要把針和直線是否交叉記下來[1]。投擲完畢之後，如果把投擲總數除以交叉的次數，那麼答案就應該得到 π 的值，當然，只是近似值。

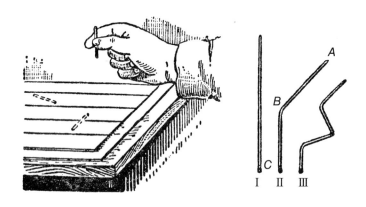

圖 122　布豐的擲針實驗

讓我們解釋一下為什麼會這樣。假設針和直線相交叉的最可能次數是 K，而針長是 20 毫米。針和直線交叉的時候，這個交叉點當然一定是在這 20 毫米中的一處，而且這 20 毫米當中的任何一段，都不會比別段有更高的機率相交。因此，每一毫米的區間最可能和直線相交的次數應該是 $\frac{K}{20}$。現在如果針上有某段長 3 毫米，它最可能相交的次數應該是 $\frac{3K}{20}$，

1　只有一端碰到直線的時候，也應該算作一次交叉。

如果長 11 毫米，可能相交的次數應該是 $\frac{11K}{20}$，依此類推。換句話說，最可能的相交次數和針的長度成正比。

這個比值，即使投擲的針有彎曲的形狀，也同樣是對的。假如把針彎成了圖 122 右邊的放大圖 II 所示，它的 AB 段長 11 毫米，BC 段長 9 毫米。那麼，對於 AB 段的最可能相交次數是 $\frac{11K}{20}$，對於 BC 段是 $\frac{9K}{20}$，而對於全針是 $\frac{11K}{20} + \frac{9K}{20}$，仍舊等於 K。我們也可以把針彎曲得更複雜一些，如圖 122 右邊的 III 所示的形狀，交叉的次數並不因此稍有改變。注意，使用彎曲的針，可能同時在幾處和直線交叉，這時必須把每一個交叉點作為一次計算，因為它們是代表每一段的相交的。

現在，如果我們把投擲的針彎成一個圓形，它的直徑恰好和兩條直線間的距離相等，也就是說，這圓形的直徑是我們方才的針長的兩倍。這個圓環每次投擲下來的時候，必然會和兩條直線相交（或和兩條直線相觸，總之，每次投擲必然有兩次相交）。假設投擲的總數是 N，那麼交叉數將等於 2N。我們方才用來投擲的直針長度比這個圓環短，針長和圓環長的比值，等於這圓環的半個直徑和圓環圓周長的比值，也就是說，等於 $\frac{1}{2\pi}$。但是剛才我們已經確定出最可能的交叉次數和針長成正比，因此，這針的最可能交叉數（K）也應該和 2N 成 $\frac{1}{2\pi}$ 的比，也就是 K 等於 $\frac{N}{\pi}$。既然

$$K = \frac{N}{\pi}$$

所以

$$\pi = \frac{N}{K} = \frac{投擲次數}{相交次數}$$

　　投擲的次數越多，那麼得到的 π 值就會越精確。瑞士的一位天文學家沃爾夫曾經觀察了 5000 次針的投擲，結果得到的 π 數是 3.159……只比阿基米德的數字略為遜色。

　　你現在可以看到，圓周和直徑的比值竟可以用實驗方法求出，而有趣的是，既不用畫出圓形，也用不著畫直徑；換句話說，就是連圓規都用不著。一個根本不懂幾何的人，甚至對於圓沒有一點認識的人，只要他有耐心進行極多次的擲針實驗，也可能確定出 π 的近似值。

❀ 9.5　圓周的展開

　　【題】對於許多實用上的目的來說，用 $3\frac{1}{7}$ 來代表 π 的數值已經足夠了。把一個圓的 $3\frac{1}{7}$ 個直徑量到一條直線上的話，就等於把這個圓周展開了（把一條直線分成七等分，大家知道，並不是一件難事）。木工、白鐵工們另外有一套展開圓周的簡便方法，這裡我們不打算一一介紹，只準備介紹一個相當簡單而且相當精確的展開方法。

　　假如我們想把一個半徑 r 的圓周 O 展開（圖 123），那麼，先作出直徑 $\overline{AB}$，在 B 點作和 $\overline{AB}$ 垂直的直線 $\overline{CD}$。從圓心 O 作一直線 $\overline{OC}$ 和 $\overline{AB}$ 成 30° 角，然後在 $\overline{CD}$ 直線上從 C 點起取一段等於 3 倍半徑的長度，把得出的 D 點和 A 點連接，$\overline{AD}$ 的長度就等於半個圓周的長度。假如把 $\overline{AD}$ 加長一倍，那麼就可以得到圓周展開後的長度近似值。這種方法可能發生的誤差不超過 $0.0002r$。

　　問：這個方法有什麼根據呢？

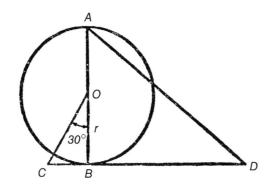

圖 123　展開圓周的簡易幾何方法

【解】根據畢氏定理：

$$\overline{CB}^2 + \overline{OB}^2 = \overline{OC}^2$$

用 r 表示半徑 $\overline{OB}$，此外，$\overline{CB} = \dfrac{\overline{OC}}{2}$（因爲 $\overline{CB}$ 是直角三角形中對 $30°$ 角的直角邊），得到

$$\overline{CB}^2 + r^2 = 4\overline{CB}^2$$

因此

$$\overline{CB} = \frac{r\sqrt{3}}{3}$$

然後，在 $\triangle ABD$ 中，

$$\overline{BD} = \overline{CD} - \overline{CB} = 3r - \frac{r\sqrt{3}}{3}$$

$$\overline{AD} = \sqrt{\overline{BD}^2 + 4r^2} = \sqrt{\left(3r - \frac{r\sqrt{3}}{3}\right)^2 + 4r^2}$$

$$= \sqrt{9r^2 - 2r^2\sqrt{3} + \frac{r^2}{3} + 4r^2} = 3.14153r$$

把這個結果和用 3.141593 那麼精確的 π 值所算出來的結果相比的話，可以看到兩者間只差 0.00006r。假設我們用這個方法展開半徑 1 公尺的圓周，那麼對於半個圓周所產生的誤差一共只有 0.00006 公尺，對於全圓周一共也不過是 0.00012 公尺或 0.12 毫米罷了，差不多是頭髮的粗細程度。

ᘓ 9.6　化圓為方

讀者們大概不會沒有聽過「化圓為方」，這是數學家們兩千年前就研究過的一個幾何學上最有名的題目，我甚至確信讀者中一定有人也嘗試過解答這個問題。但是更多的讀者一定對於這個古典題目之所以不可解的困難處感到有點奇怪，許多人常跟著別人說方圓問題是不可解的，而對這問題的實質和解答上的困難卻不清楚。

數學上有不少題目，無論在理論上還是在實用上都比方圓問題更加有趣。但是沒有一個像這題目那樣普遍為大家所熟悉，簡直已經成為老生常談了。兩千年來，傑出的數學專家和許多業餘愛好數學的人，已經為它付出了巨大的勞力。

「化圓為方」，就是求作一個面積和已知圓面積完全相等的正方形。在實際生活上，這個題目時常會碰到，可是正是在實際生活上，它可以一定精確程度獲得解答。但是這個引人入勝的古代題目，卻要求非常精確地把等面積的正方形做出，條件是只能用到兩種作圖手續：（1）以一個已知點為圓心做出已知半徑的圓；（2）通過兩已知點作一條直線。

簡單地說，就是必須在只許使用兩種繪圖器——圓規和尺——的條件下來完成這個作圖。

在廣大的非數學界人士中間散布著一種看法，認為這個題目的全部困難在於圓周和直

徑的比（π 值）不可能用有限小數來表示。這種看法只是在這種意義下是對的：把題目的不可解當做是由於 π 的本質特點。事實上，把矩形變成等面積的正方形是很容易而且可以精確解答的。而要把圓變成等面積正方形，也就相當於要（用圓規和直尺）作一個和原有圓等面積的矩形。以圓面積的公式 $S=\pi r^2$ 或 $S=\pi r \times r$，我們可以清楚看到，圓面積等於一個一邊是 r，另一邊是 r 的 π 倍的矩形面積。因此，整個問題在於要能夠做出一條已知長度的 π 倍的線段來。大家已經知道，π 既不完全等於 $3\frac{1}{7}$，也不完全等於 3.14 或 3.14159。表示 π 的值，是一系列位數沒有止境的數字。

　　上面所說 π 的特性，它的無理數的性質[2]，早在 18 世紀就已經有數學家蘭伯特和勒讓德爾兩人加以確定。但 π 是無理數仍不能中止那些求解「化圓爲方」問題的人們的努力，他們認爲 π 是無理數這點並沒有使這題目變得不可解決。有些無理數是幾何學可以完全正確地用作圖方法「作」出來的，例如，要作一段已知長度的 $\sqrt{2}$ 倍的線段。$\sqrt{2}$ 就和 π 一樣，也是無理數，但是，沒有比做出這樣一個線段更容易的了：它等於以已知線段作邊的正方形的對角線。

　　每一個初中學生都能很容易地解決怎樣作 $a\sqrt{3}$ 線段的問題（這是圓內接等邊三角形的邊長）。像下列看起來非常複雜的無理式，作起圖來也並不太困難：

$$\sqrt{2-\sqrt{2+\sqrt{2+\sqrt{2+\sqrt{2}}}}}$$

　　因爲求這個式子的值，事實上只要做出一個正六十四邊形來就行了。

2　無理數是一種不能用 $\frac{p}{q}$ 形式的分數精確表示它的值的數（這裡 p 和 q 都是正整數）。無理數是由無限的非循環小數表示的。

可見，一個算式中有無理數，並不一定不可能使用圓規和直尺就把它做出來。「化圓為方」的不可解，並不完全由於 π 是無理數，而是由於 π 的另一個特性。π 不是一個代數數，就是不可能是某種具有有理係數的方程式的根。這種數叫做超越數。

14 世紀法國一位數學家維也特證明：

$$\frac{\pi}{4} = \cfrac{1}{\sqrt{\frac{1}{2}} \times \sqrt{\frac{1}{2}+\frac{1}{2}\sqrt{\frac{1}{2}}} \times \sqrt{\frac{1}{2}+\frac{1}{2}\sqrt{\frac{1}{2}+\frac{1}{2}\sqrt{\frac{1}{2}}}} \cdots\cdots}$$

表示 π 值的這個式子，假如式中的數是經過有限次運算可以求得的，那就能解決化圓為方（那時可以把上列式子用幾何學方法做出來）。但是，因為式中開平方的次數是無窮的，因此維也特的算式對於這個問題並沒有幫助。

化圓為方的不可解答，是由於 π 是超越數，也就是由於這個數不可能由解答具有有理係數的代數方程式求出。π 的這個特性被一位德國數學家林德曼在 1882 年嚴格地證明了。實際上，這位數學家應當算是唯一解答了化圓為方問題的人，雖然他的答案是否定的，他證明了這題目在幾何學上作圖的不可能。這樣，在 1882 年，許多數學家多少世紀來為此而作的努力就告一段落，可惜許多對於這題目的歷史還不夠清楚的數學愛好者仍舊沒有停止他們不會有結果的嘗試。

化圓為方在理論上就是這樣。至於實際上，它卻並不需要異常精確的解答。許多人認為，化圓為方的精確解答對於實際生活有重大意義，這其實是極大的誤解。對於日常生活來說，這個問題只要有適當的近似求解方法，就已經足夠了。

實際上，要作和圓等面積的正方形，只要算出 π 的前七八位數，再算下去就毫無用處。在生活的需要上，只要知道 π =3.1415926 已經足夠。長度上的任何度量，不可能得到比七

位數更多位數的結果。因此，用八位以上的 π 值，事實上是沒有用處的，計算的精確度並不因此而增加。假如半徑用七位數表示，那麼即使你用一百位的 π 值，圓周長的正確數字也不會多於七位數。以前那些數學家花了那麼多精力來取得盡可能多的 π 的位數，事實上沒有一點實際價值。而且這種工作在科學上所起的作用也非常微小，這只是一件需要耐心的工作。假如你有興趣和空閒，你就可以嘗試。舉例來說，利用下面萊布尼茲所求出的無窮級數，找出 π 的上千位數的數字來：

$$\frac{\pi}{4} = 1 - \frac{1}{3} + \frac{1}{5} - \frac{1}{7} + \frac{1}{9} - \cdots\cdots\,^3$$

但是這只是任何人都不需要的算術上的練習題，一點也不可能對這有名的幾何題目的解答有所推進。

法國天文學家阿拉戈，對於這件事情這樣寫道：

追求解答化圓為方問題的人們，在繼續從事這個題目的演算。其實這一個題目不可能解答，如今早已正式證明出來，而且，即使這個解答可能實現，也不會帶來實際意義。這個問題已不值得再傳播了，害著聰明病的、專心想發現問題解法的人，將不會得到什麼結果。

最後，他用諷刺的口吻結束他的文章：

所有國家的科學院，在和追求解答化圓為方的人們作鬥爭中，發現一個事實，這個病症一般都在春天的時候加劇。

3　這種計算要有非常的耐心才行，因為，光是為了求出 π 的第六位數，就要在上式中不多不少取 2000000 項。

○ **9.7** 兵科三角形 [4]

下面我們來講一個解答化圓為方的近似做法，這個方法在實際生活中使用非常方便。

這個方法是這樣的，要找出一個角度 α（圖124），使和直徑 $\overline{AB}$ 成 α 角的一條弦 $\overline{AC}=x$ 恰是所求的正方形的邊。為了知道這個角的大小，我們得求助於三角學：

$$\cos \alpha = \frac{\overline{AC}}{\overline{AB}} = \frac{x}{2r}$$

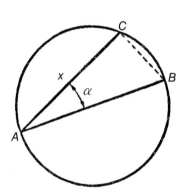

圖 124　方圓問題的近似解法

式中 r 是圓的半徑，$\cos \alpha$ 就是 α 角的餘弦函數，也就是它的鄰邊和弦的比值。

從一方面說，所求的正方形的邊長 $x=2r\cos \alpha$，它的面積等於 $4r^2\cos^2 \alpha$。從另一方面說，正方形的面積要等於 πr^2，也就是等於這個圓的面積。因此，

$$4r^2 \cos^2 \alpha = \pi r^2$$

4　這種簡便的方法在 1836 年由俄羅斯的工程師兵科提出，本節提到的三角板也因此命名為「兵科三角形」。

得到

$$\cos^2 \alpha = \frac{\pi}{4}, \quad \cos \alpha = \frac{1}{2} \sqrt{\pi} = 0.886$$

從三角函數表中可以找到

$$\alpha = 27°36'$$

於是，只要作和直徑成 27°36' 的角度的弦，我們馬上就得到面積和這圓相等的正方形的邊長了。實務上，可以做一塊具有 27°36' 銳角（另一銳角是 62°24'）的三角板。有了這樣的三角板，就可以為任何一個圓馬上求出和它等面積的正方形的邊長了。

假如你願意自己製作這樣一塊三角板，下面的指示會給你一些幫助。

因為 27°36' 的正切函數（tan27°36'，就是對邊和鄰邊的比值）等於 0.523 或 $\frac{23}{44}$，這個三角形兩直角邊的比應該等於 23：44。因此，在製作的時候，把直角三角形的一邊比方說取 22 公分長，另一邊取 11.5 公分長，就可以得到所需的角度。當然，這種三角板也可以用來做出一般的圖。

∝ 9.8　頭或腳

儒勒‧凡爾納所寫小說中的一位主人翁似乎做過這樣的計算：當他環球旅行的時候，究竟身體的哪一部分走了更多的路？頭頂，還是腳底？假如我們用適當的方式提出這個問題，倒的確是一個很有教育意義的幾何題目。我們現在就用如下方式把它這樣提出。

【題】假設你在赤道上繞了地球一周，這時候你的頭頂會比你的腳底多走多少路？

【解】你的腳底一共走了 $2\pi R$ 的路，這裡 R 是地球的半徑。你的頭頂呢，卻是走了

2π（R+1.7）的路，這裡 1.7 公尺是你的身高。因此，頭和腳所走距離的差等於

$$2\pi(R+1.7)-2\pi R=2\pi \times 1.7 \approx 10.7公尺$$

因此，頭比腳多走了 10.7 公尺。

有趣的是，答案裡並不包括地球半徑的值，因此，無論你是環繞地球旅行，還是環繞木星或最小的行星旅行，結果都是一樣。總之，兩個同心圓的圓周長的差並不取決於它們的半徑，而取決於兩個圓周間的距離。把地球軌道半徑增加一毫米後所增加的圓周長，和把一枚五分硬幣的半徑增加 1 毫米所增加的圓周長完全一樣。

下面是一個被許多數學遊戲題彙編收錄的有趣題目，這個題目正是根據這個幾何學上的謬論。

假如把一條鐵絲捆到地球赤道上，然後把這條鐵絲加長一公尺，問這條鬆了下來的鐵絲和地球之間，能不能讓一隻老鼠穿過？

一般人都會回答說：「這個間隙會比一根頭髮還要細小不是嗎？一公尺和地球赤道的 40000000 公尺相比，簡直相差太大了！」但事實上，這個間隙的大小竟是

$$\frac{100}{2\pi} 公分 \approx 16公分$$

不僅是老鼠，甚至一隻大貓也可以穿過去。

∝ *9.9*　赤道上的鋼絲

【題】現在，假設地球被一條鋼絲在赤道上緊緊地捆了起來。如果把這條鋼絲冷卻 1°C 的話，將會發生什麼事情？由於冷卻，鋼絲會縮短。假如它在縮短過程中沒有斷裂，也沒有被拉伸，那麼這條鋼絲將切進地面多深？

【解】初看起來，像這樣有限的溫度變化，一共只降低 1°C，應該不會使鋼絲陷入地面多深，可是計算的結果卻不是這樣。

鋼絲冷卻 1°C，長度會縮短十萬分之一，它的全長是 40000000 公尺（這是赤道上的圓周長），因此會縮短 400 公尺。由這條縮短了的鋼絲所形成的圓周，它的半徑並沒有縮短 400 公尺，而是比 400 公尺少。為了知道半徑究竟縮小多少，應該把 400 公尺用 6.28 也就是用 2π 來除，得到大約 64 公尺。因此，這條鋼絲冷卻 1°C 之後，由於縮短而切入地面的深度，並不像想像中那樣只有幾毫米，而是 60 公尺以上。

∝ *9.10*　事實和計算

【題】圖 125 畫著八個同等大小的圓形，其中七個畫有黑線的，都固定不動，第八個（光潔的那個）緊貼另外七個無滑動地滾動，它繞完這些固定不動的圓形一周，本身將會轉多少圈？

你當然可以馬上用實驗的方法找出這個題目的解答：把八個同值的硬幣按照圖中所示位置擺好，用手把七個「固定不動」的硬幣按在桌面上，使第八個繞著它們轉。為了確定

這個硬幣的轉數，你仔細注視著硬幣上數字的位置。每當這個數字轉回到原來的位置，就表示它已經轉了一圈。

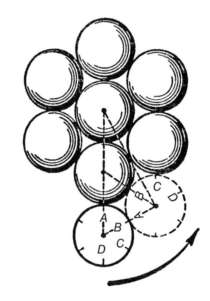

圖 125　光潔的一個圓繞另外七個圓一周，本身會轉幾圈？

你只要實際地把這個實驗做出來，就會知道這枚硬幣一共轉了 4 圈。

現在讓我們試用思考和計算的方法，得出同樣的答案。

比如，我們來研究一下，這個旋轉著的圓在每個固定不動的圓上一共走了多長的弧線。為了這個目的，我們假設活動的圓正由「頂點」 *A* 向鄰近兩個固定圓形之間的「小凹地」間移動（如圖 125 的虛線所示）。

從圖中不難看出，圓沿著滾動的弧線 $\overarc{AB}$ 包含 60° 角。每一個固定圓上有兩條這樣的弧線，兩者加在一起，就等於 120° 的弧線，等於圓周的 $\dfrac{1}{3}$。因此，滾動圓在環繞每個固定圓的圓周的時候，也轉了 $\dfrac{1}{3}$ 圈。固定圓一共有六個，所以活動圓一共只繞了 $\dfrac{1}{3} \times 6 = 2$ 圈。

這個答案和實驗結果竟然不一樣！但是，「事實是最可靠的」，假如計算的結果和事實不一致，那就是計算中有錯誤。

請你試著把這個錯誤找出來。

【解】問題在於：當你把動圓無滑動地沿著 $\dfrac{1}{3}$ 圓周長的直線上滾動的時候，這個動圓確實轉了 $\dfrac{1}{3}$ 圈。但是，假如這個動圓是沿著某種曲線的弧線滾動，那麼剛才的說法就不正確，和事實不符。在我們這個題目中，動圓繞著相當於它的圓周長的 $\dfrac{1}{3}$ 的弧線旋轉的時候，一共走過的不是 $\dfrac{1}{3}$ 圈，而是 $\dfrac{2}{3}$ 圈，因此，當它繞過六個這種弧形的時候，就將轉了 $6 \times \dfrac{2}{3} = 4$ 圈！

這一點，你可以從以下的敘述得到證實。

圖 125 的虛線表示動圓繞完定圓上的一段弧線 $\overarc{AB}$（60°），等於全圓周長度六分之一的弧線時候的位置。在這個圓的新位置上，最高點已經不在 A 點，而在 C 點了，不難看出，這就等於圓周上各點移動了 120°，或轉了一圈的 $\dfrac{1}{3}$。定圓上 120° 的「路程」，將相當於動圓一圈的 $\dfrac{1}{3}$。

　　因此，假如這個圓沿著曲線（或折線）繞轉，那麼它就要轉出和沿同樣長度的直線繞轉的時候不同的圈數。

　　我們得再花一點時間在與這個奇怪事實有關的幾何問題上，關於這一類問題的說明，常常使人無法相信。

　　假設一個以 r 作半徑的圓，正沿一段直線向前滾動，它在和它的圓周同長（$2\pi r$）的直線 $\overline{AB}$ 上恰好轉了一圈。現在我們把這段直線 $\overline{AB}$ 在它的中心點 C 處曲折（圖 126），並把 $\overline{CB}$ 線段折向和原來方向成 α 角的位置。

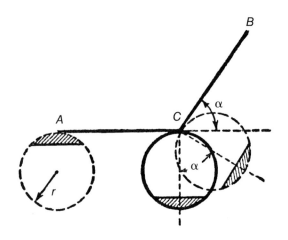

圖 126　圓在折線上滾動的時候多出來的旋轉是怎樣產生的？

　　於是，這個圓在轉了半圈之後，就到達了頂點 C，而且為了要轉到 $\overline{CB}$ 線上，它連同它的圓心轉了一個和 α 角相等的角度（這兩個角彼此相等，因此彼此有互相垂直的邊）。

　　在轉彎的過程中，圓並不沿線段移動。正是在這裡產生了比沿直線滾動還多的旋轉。

這個多出來的旋轉量和全圓旋轉量間的比，恰等於 α 角和 2π 的比也就是 $\dfrac{\alpha}{2\pi}$。接下來，圓形在 $\overline{CB}$ 線段上又滾了半圈，因此這個圓在整條折線 ACB 上，一共轉了 $1+\dfrac{\alpha}{2\pi}$ 圈。

　　有了這些認識，我們就不難了解，一個繞著正六邊形外邊滾轉的圓，繞完六邊形各邊後（圖 127），一共要轉多少圈了。顯然它的轉數應等於它在大邊總長度的直線上所轉的圈數再加上相當於六個外角的和除以 2π 的商數這麼多的圈數。任何凸角多邊形的外角總和恆等於 2π，而 $\dfrac{2\pi}{2\pi}=1$。

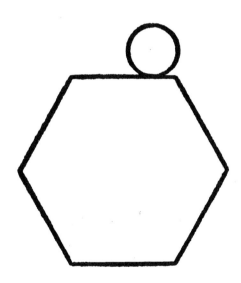

圖 127　圓在多邊形的外邊滾動，滾動一周的轉數，比它在和此多邊形各邊總長相同的直線上滾動的轉數多幾圈？

　　因此，圓形在六邊形或任何多邊形的外邊滾動的時候，滾動一周的轉數，必然會比它在和該多邊形各邊總長相同的直線上滾動的轉數多一圈。

　　一個凸角正多邊形，當它的邊數無窮增加的時候，就將接近一個圓形，因此，方才所說的情形，也全部適用於圓形。例如，假如把一個圓形放在另一個同樣大小的圓形外面沿著一段 120° 的弧線滾動，那麼這個滾動的圓形要滾 $\frac{2}{3}$ 圈而不是 $\frac{1}{3}$ 圈，是有幾何學上的根據的。

✑ 9.11　鋼索女郎

　　當一個圓沿著和它在同一平面上的某一條線滾動的時候，這個圓上的每一點都在這個平面上移動，換成一般的說法，它有自己的軌跡。

　　如果你注意研究沿著一條直線或圓周滾動的圓上某點的軌跡，那麼你就可以看到許多種不同的曲線。

　　這些曲線中的兩種，如圖 128 和圖 129 所示。

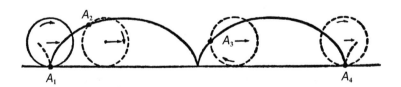

圖 128　旋輪線：圓周上一點 A 沿直線作無滑動的轉動時的軌跡

這裡發生這樣一個問題：一個圓在另一個圓的圓周內側滾動（圖 129），它的某一點能不能夠畫出一條直線的軌跡，而不是曲線呢？乍看之下，這彷彿是不可能的。

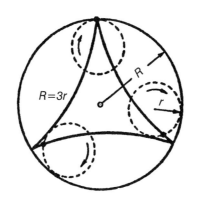

圖 129 圓周旋輪線：在一個大圓周內側滾動的圓上某點所成的軌跡

但是，我卻曾親眼看到這樣的作圖。我看到的是一個玩具 ——「鋼索女郎」（圖 130）。這個玩具大家都可以很容易地做出來玩。在一塊厚的硬紙板或三合板上畫出一個直徑 30 公分的圓形，在圓形四周要各保留一些空白的地方，並把一條直徑向兩邊延長。

在直徑的延長線上，在圓形的兩邊各插一根縫衣針，用一條細線穿過兩針的孔，把線拉緊，線的兩端各固定在硬紙板或三合板上。然後，把畫好的圓形仔細割下來，切出一個直徑 30 公分的圓孔，另取一塊硬紙板或三合板，切出一個直徑 15 公分的圓形，放到大圓孔中。靠這個小圓形的邊上，也插一根針，如圖 131 所示，然後用紙剪出一個走鋼索的女郎，把它的腳部黏到這一根針的頭上。

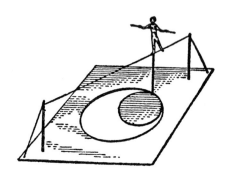

圖 130　「鋼索女郎」　　　圖 131　滾動著的圓形上沿直線移動的點

　　現在，你試把這個小圓形緊貼著大圓周的內側滾動起來，小圓形上的針和女郎，就將沿著張緊著的直線或前或後地移動。對於這個現象，只能這樣解釋，就是小圓形上插針的那一點，當小圓形滾動的時候，是完全沿著大圓孔的直徑移動的。

　　那麼，為什麼在圖 129 所示的類似情形下，滾動圓形上的點卻沒有沿直線移動，而走出了曲線路徑（一般叫做圓內旋輪線）呢？關鍵在於大圓和小圓直徑的比值。

　　【題】試證明：一個圓形在大圓周內滾動，如果這個圓形和大圓周的直徑比值是 1：2，在滾動的時候小圓周上的點將沿大圓周直徑的方向做直線運動。

　　【解】假如小圓 O_1 的直徑恰是 O 的直徑的一半（圖 132），那麼當圓 O_1 滾動的時候，它的圓周上在任何時刻都一定有一個點在大圓 O 的圓心上。

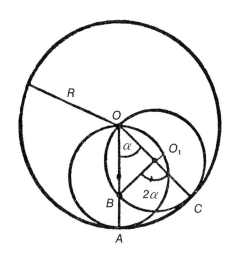

圖 132　「鋼索女郎」的幾何學上的解析

現在我們來看看圓 O_1 上 A 點的移動情形。

假設小圓在沿 $\overset{\frown}{AC}$ 弧滾動。

那麼，在圓 O_1 的新位置上，A 點的位置應該在什麼地方呢？

顯然它應該位在圓周上的一點 B 上，使弧線 $\overset{\frown}{AC}$ 和 $\overset{\frown}{BC}$ 等長（圓形做無滑動的滾動）。

設 $\overline{OA}=R$，$\angle AOC=\alpha$，那麼 $\overset{\frown}{AC}=R\times\alpha$，因此 $\overset{\frown}{BC}$ 也將等於 $R\times\alpha$。但是因爲 $\overline{O_1C}=\dfrac{R}{2}$，所以

$$\angle BO_1C=\frac{R\times\alpha}{\dfrac{R}{2}}=2\alpha$$

那時 $\angle BOC$ 將等於 $\dfrac{2\alpha}{2}=\alpha$，因此 B 點仍舊在 $\overline{OA}$ 線段上。

方才介紹的那個玩具，實際上就是把旋轉運動變成直線運動的最原始的機構。

❀ *9.12* 經過北極的路線

　　有位俄羅斯英雄克雷莫夫和他的朋友們曾進行過一次從莫斯科飛越北極到聖大新多的飛行。克雷莫夫以 62 小時 17 分鐘的成績創造了兩項世界紀錄——直線（10200 公里）和折線（11500 公里）不著陸飛行。假設有一架飛機，從東半球北緯某度的一點沿子午線飛越北極，48 小時後到達西半球北緯同一度的一點。

　　請想想看：這架飛過北極的飛機是不是也隨著地球繞地軸旋轉呢？這個問題我常常聽見，但是聽到的答案並不一定都正確。任何飛機，包括飛過北極的飛機，無疑將跟著地球一同旋轉。這是因爲飛行著的飛機只是離開了地球的硬殼地面，但是仍留在大氣中，而被帶著繞著地軸做旋轉運動的緣故。

　　因此，這架飛越北極的飛機同時還隨著地球繞地軸旋轉著。那麼，這次飛行的軌跡是什麼樣的呢？

　　爲了正確的回答這個問題，必須注意，當我們說「一個物體在運動著」的時候，這是說明這個物體相對於另外某個物體在改變著它的位置。因此，軌跡的問題，總的說運動的問題，假如在提出的時候沒有指明（至少是沒有明確地體會到）數學上的坐標系，或通俗地說，這運動是相對於什麼物體而發生的，就會變得沒有意義。

　　一架沿著子午線飛行的飛機，由於子午線是和地球同時繞地軸旋轉的，它也一定會隨著地軸旋轉，但是對於在地面上的觀測者，飛行軌跡的形狀並不能反映出這個運動，因爲這個旋轉是相對於另外的其他物體來說的，並不是相對於地球來說的。

　　因此，對於和地球牢牢相連的我們，假如飛機準確地沿著子午線飛行，而且總是和地

球中心保持相同距離，這架飛行經過北極的飛機軌跡，將是一個大圓的一段弧線。

　　現在的問題是：我們已經有了飛機相對於地球的運動，並且已經知道了這架飛機隨著地球同時繞地軸旋轉，也就是說，我們有了地球和飛機相對於某第三個物體的運動，那麼對站在這第三個物體上的觀測者而言，飛行的軌跡將成為什麼形狀呢？

　　讓我們把這個不尋常的題目簡化一些。我們假設地球的北極附近地區是一個平的圓盤，定位在一個和地軸垂直的平面上，圓盤就在這個平面上繞地軸旋轉。現在，假定有一部玩具汽車沿著圓盤的直徑等速向前移動，用這樣來表示飛機沿子午線經過北極的飛行。

　　問：這部小汽車（說得更明確些，應該是這部小汽車上的某一點，例如它的重心點）將在這個平面上走出什麼樣的路徑來？

　　這輛汽車由直徑的一端走到另一端所需要的時間，取決於它的速度。

　　我們分別來研究三種情形：

1. 小汽車花 12 小時就能跑完它的旅程。

2. 小汽車要花 24 小時才能跑完這段旅程。

3. 小汽車要花 48 小時才能跑完這段旅程。

　　圓盤繞地軸旋轉一圈要花 24 小時。

　　第一種情形（圖 133）：小汽車花 12 小時就可跑完圓盤的直徑全長。圓盤在這個時間裡要轉半圈，就是轉了 180°，於是 AA' 兩點彼此恰好互換了位置。在圖 134 中，直徑被劃分成八個相等部分，每一部分玩具汽車要花 12÷8=1.5 小時的時間跑完。現在我們試注意一下，在汽車開動 1.5 小時之後，它的位置在什麼地方？假如圓盤並不旋轉的話，那麼汽車從 A 點出發 1.5 小時後，就將到達 B 點。但是圓盤是旋轉著的，而且在 1.5 小時中一共旋轉了

$180° \div 8 = 22.5°$，因此 B 點也就移到了 B'。這時觀測的人假如也是坐在這個圓盤上，那麼他就不會發現這個旋轉的移動，而只看到汽車從 A 點走到了 B 點。但是觀測的人是站在圓盤之外，不參加這個旋轉的話，那麼他所看到的就是另一種情景了：對他而言，這部汽車將沿曲線由 A 點移到 B' 點。再過 1.5 小時，站在圓盤以外的人將看到汽車移到了 C 點。再 1.5 小時，在他看來車子將沿 $\overparen{CD'}$ 弧移動；再過 1.5 小時，這部車子將到達圓心 E。

站在圓盤以外觀測的人，繼續觀察汽車移動的結果，將可看見令人意外的情形：這部汽車將畫出一條 $EF'G'H'A$ 的曲線，而奇怪的是，它的運動竟終止在出發點上，而不是終止於直徑對面的一端。

這個意外現象其實不難解說明白，在汽車沿著直徑後半段行駛 6 個小時後，這段半徑已經隨著圓盤轉了 $180°$，而占有了直徑前半段的位置。這輛汽車甚至在它通過圓盤中心的時候仍隨圓盤旋轉。當然，圓盤的中心點是放不下整部汽車的，只有汽車上的某一個點能夠和圓盤中心點吻合，而在相應的時刻整部汽車隨著圓盤繞這點旋轉。對於實際上的飛機，當它飛經北極的時候也應該是一樣。所以小汽車沿著圓盤直徑由一端到另一端的旅程，對於不同的觀測者有不同的形狀：對於站在圓盤上而且隨著圓盤旋轉的人，這段路程看來像是一條直線。但是一位不跟著圓盤旋轉，固定不動的觀測者，看到的汽車運動將是一條如圖 133 那樣的曲線。

假如你能具備下列條件，那麼你也可以看到同樣的曲線。假設地球是透明的，從地球圓心觀察這架飛機，看它相對於一個想像的、和地軸垂直的平面運動，而你和那個平面又都不參與地球的旋轉，並且這架飛機飛過北極的旅程一共花了 12 小時。

我們這裡講的是兩個運動的有趣實例。實際上那次經過北極飛往另一個半球的飛行花

的不是 12 小時，現在我們再來看看一個同類的問題。

第二種情形（圖 134）：玩具汽車要花 24 小時才能走完整段直徑。在這段時間中，圓盤恰好自轉一圈，於是對於一位不隨著圓盤轉動的觀測的人，汽車移動的路徑將如圖 134 所示曲線的形狀。

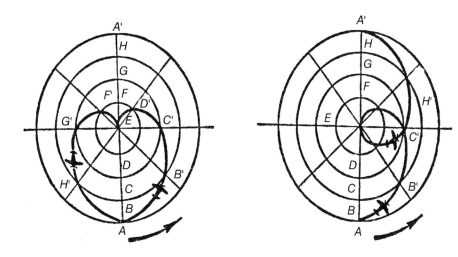

圖 133　同時做兩種運動的點在固定平面上所
　　　　作出的曲線：第一種情況

圖 134　同時做兩種運動的點在固定平面上
　　　　所作出的曲線：第二種情況

第三種情形（圖 135）：圓盤照舊在每 24 小時裡轉一圈，但是汽車從直徑的一端跑到另一端需要的時間是 48 小時。

對於這種情形，直徑的 $\frac{1}{8}$ 這樣一段路程，汽車將要跑

$$48 \div 8 = 6 \text{小時}$$

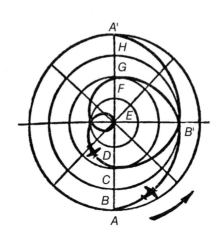

圖 135　另一個由兩種運動合併而成的曲線

　　在這 6 小時中，圓盤將同時轉了一圈的四分之一，就是 90°。因此，汽車開動 6 小時後，它原本應該沿直徑走到 B 點（圖 135）的位置，但是由於圓盤的旋轉，把這個點移到了 B'。再過 6 小時後，車子就到了 G 點，之後依此類推。48 小時後，車子將走完整個直徑，而圓盤整整轉了兩圈。這兩個運動合併的結果，在一位固定不動的觀測者看來將是一條如圖 135 粗黑線所示的連續曲線。

　　這第三種情形，就和我們一開始提出來的那架在 48 小時後飛越北極到達另一個半球的飛機的情形一樣。從莫斯科到北極花的時間接近 24 小時，假如我們可以從地球圓心來觀察這架飛機的飛行的話，那我們看到的飛行軌跡就是如圖 136 第一部分直線狀的路線。至於這次飛行的第二部分，其路線距離差不多是第一部分的 1.5 倍，除此之外，從北極到目的地聖大新多的距離也是從起飛點（莫斯科）到北極距離的 1.5 倍。因此，這次飛行的第二部分

相對於位置不動的觀察者來說，也和第一部分一樣是直線狀的，只是距離是第一部分的 1.5 倍。

　　這樣形成的曲線如圖 136 所示。從莫斯科到聖大新多的飛行路線，相對於既不參加飛行，也不受地球旋轉影響的觀測者來說，假如我們可以從地球圓心來觀察這架飛機的飛行的話，他跨越北極的飛行軌跡就將有這樣的形狀。那麼我們真的可以把這個複雜的「路線」叫做跨越北極飛行的真正路徑，而用來區別於地圖上所示的相對路徑嗎？不，這個運動還是相對的，它只適用於一個沒有參加地球繞軸自轉的物體，恰如一般的飛行路線是和旋轉著的地面相對的。

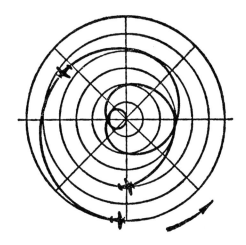

圖 136　同時做兩種運動的點在固定平面上所作出的曲線：第三種情況

假如我們可能從月球或太陽[5]觀察這個飛行路徑的話，那麼，飛行軌跡就將表現為更加新奇的形狀。

月亮並不隨著地球自轉而轉動，但它以一個月的週期環繞我們的地球一周。在飛機飛越北極的 48 小時中，月球能夠繞地球走大約 25° 的弧線，這當然無法不影響從月球上觀測飛行軌跡的人所看到的軌跡形狀。而從太陽上觀察飛行軌跡的人，對他有影響的還有第三個運動，那就是地球繞日的轉動。

恩格斯在《自然辯證法》裡曾說：「單個物體的運動是不存在的 —— 只有在相對的意義下才談得上。」

研究了本題後，對這一點可以得到更深刻的認識。

9.13 傳動皮帶的長度

一所技工學校的學生們做完了他們的工作，臨別前技師給他們出了一個題目，建議他們去解答。

【題】「我們工廠中有一個新的裝置，」技師說，「要裝一條傳動皮帶，只是這條皮帶不像普通皮帶那樣裝在兩個皮帶輪上，而是裝在三個皮帶輪上。」技師說到這裡，就把這個皮帶裝置的圖樣取出來給學生們看（圖 137）。

「這三個皮帶輪，」技師繼續說，「它們的尺寸都完全相同。它們的直徑和彼此間的距離，另一個圖中（圖 138）都有詳細說明。現在，知道了這些尺寸，假如不允許再進行任

5　就是相對於和月球或太陽相聯繫的坐標系。

何測量而要迅速求出皮帶的長度，該怎麼做才好呢？」

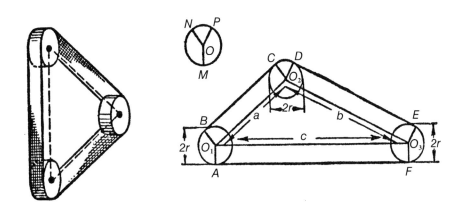

圖 137　三個皮帶輪的皮帶傳動　　圖 138　怎樣根據圖上已有尺寸計算出皮帶的長度？

學生們深思起來了。不久，一個學生說道：「依我看來，所有困難只在於圖上沒有畫出皮帶繞過每個皮帶輪的弧線 $\overarc{AB}$、$\overarc{CD}$、$\overarc{EF}$ 的長短來。為了求出這三段弧線每一段的長度，必須知道每個相應的圓心角大小，因此，我覺得這個題目如果沒有量角器，是不可能演算的。」

「你所說的那幾個角度，」技師說，「根據圖中現有尺寸，已經可以使用三角公式和對數表求出，但是這種方法太繞遠路了，而且也太複雜了些。我覺得這裡量角器是沒有必要的，因為我們沒有必要知道每段弧的個別長度，我們只要知道……」

「只要知道它們的和就足夠了！」幾個想出了問題所在的學生搶著說。

「好，那麼你們都回家去吧，明天把答案帶來。」

讀者們請別急著去看學生們給技師的答案。

根據技師方才所說的話，你應該能夠自己解答這個問題了。

【解】果然，皮帶的長度是很容易計算出來的：把三個皮帶輪中心間的距離相加，再加上一個皮帶輪的圓周長就可以了。假如皮帶長度是 l，那麼

$$l=a+b+c+2\pi r$$

關於三個皮帶輪和皮帶接觸部分的總長度恰等於一個皮帶輪的圓周這一點，幾乎所有參加解題的學生都猜到了，卻並不是所有的人能夠把這一點正確地證明出來。

從收到的答案中，技師認為最簡短的是下列這個答案。

設 $\overline{BC}$、$\overline{DE}$、$\overline{FA}$ 是三個皮帶輪圓周上的三條切線（圖 138），由各切點畫出半徑。因為三個皮帶輪的半徑彼此相等，所以 O_1BCO_2、O_2DEO_3 和 O_1O_3FA 都是長方形，因此 $\overline{BC}+\overline{DE}+\overline{FA}=a+b+c$。現在只剩下要證明三段弧的和 $\overset{\frown}{AB}+\overset{\frown}{CD}+\overset{\frown}{EF}$ 等於一個皮帶輪的圓周長。

為了解決這個問題，先做出以 r 做半徑的圓 O 來（圖 138 左上方）。作直線 $\overline{OM}/\!/\overline{O_1A}$，$\overline{ON}/\!/\overline{O_2C}$，$\overline{OP}/\!/\overline{O_3E}$，於是 $\angle MON = \angle AO_1B$、$\angle NOP = \angle CO_2D$、$\angle POM = \angle EO_3F$，因為各角的邊互相平行。從這裡得到

$$\overset{\frown}{AB}+\overset{\frown}{CD}+\overset{\frown}{EF}=\overset{\frown}{MN}+\overset{\frown}{NP}+\overset{\frown}{PM}=2\pi r$$

最後得到皮帶長度是：

$$l=a+b+c+2\pi r$$

用同樣方法可以證明，不僅是三個同直徑的皮帶輪，就連任何數目的同直徑的皮帶輪，所用皮帶長度都是各皮帶輪中心間距離的和再加上一個皮帶輪的圓周長度。

【題】圖 139 是裝在四個直徑相同的滾輪上的運輸皮帶簡圖（實際上還有一些中間的

滾輪，但是它們對我們的題目不起作用，所以略去）。請你用圖上的比例尺量出所需的尺寸後，計算出運輸皮帶的長度。

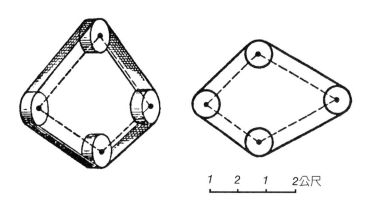

1　2　1　2公尺

圖 139　量出所需的尺寸，計算運輸皮帶的長度

♋ 9.14　聰明的烏鴉

在小學生的讀本裡，常常收錄一段關於「聰明的烏鴉」的有趣故事。這段古老的故事講述一隻烏鴉，在渴極了的時候，找到一個盛水的細頸瓶。瓶裡的水已經剩得不多了，烏鴉的嘴沒有辦法搆到水面，但是這隻烏鴉居然想出了解決困難的辦法：牠找了些小石塊，一塊一塊投進瓶子裡。結果水面升高到了瓶口，於是烏鴉喝到了水。

我們不打算在這裡研究這隻烏鴉究竟會不會有這麼高的智慧，而是在幾何學方面對這件事感興趣。它使我們來考察下列這個題目。

【題】假如瓶裡的水只有一半，這隻烏鴉能不能夠喝到水？

【解】這個題目使我們知道，這隻烏鴉所用的方法並不是在瓶裡任何的水量下都能達到目的的。

為了簡化一些，我們假設水瓶的形狀是方柱體，而石塊都是同樣大小的球體。不難想像，只有當瓶裡原有水的體積比所丟入石塊間全部的空隙更大的時候，水面才能夠升到比石塊面高，那時水將占滿所有石塊間的空隙，升到石塊面上來。現在我們試來算一算，這些間隙共占多少體積。計算空隙最簡單的方法是假定每個石塊圓球的圓心都排在一條直線上，也就是上下各球的圓心都在同一直線上。設石球直徑是 d，體積就是 $\frac{1}{6}\pi d^3$，而外切立方體的體積是 d^3。兩個體積的差 $d^3 - \frac{1}{6}\pi d^3$ 就是立方體裡沒有填滿部分的體積，而下面的比

$$\frac{d^3 - \frac{1}{6}\pi d^3}{d^3} = 0.48$$

這表示每個立方體裡沒有填滿的部分等於它的體積的 48%。也就是說，瓶裡所有空隙體積的總和，比水瓶容積的一半稍小些。即使瓶子的形狀不是方柱體，石塊也不是球形，答案還是不會有絲毫改變。在任何情形下可以肯定的一點就是，假如瓶裡原有水量不到一半，這隻烏鴉就不可能用投擲石塊的方法把水面升到瓶口上來。

假定烏鴉本領高強，能把瓶子搖動，使各個石塊彼此間堆積得更緊密，那麼牠就能夠把瓶裡水面提高到原來的兩倍以上那麼高。但是這件事牠是做不來的，因此，我們假設石塊堆積得比較鬆，並沒有偏離實際情形。尤其裝水的瓶子一般都是中間比較寬，這也應該減少水面升高的程度，而更加肯定了我們的結論：假如原有水位不及瓶高的一半，烏鴉想喝到水是不可能的事。

不用測量和計算的幾何學

❄ *10.1* 不用圓規的作圖

　　一般的幾何作圖，都要使用直尺和圓規。但是在這一章裡，我們可以看到有時竟不用圓規就能作出圖來，雖然那些圖乍看起來似乎都非用圓規不可。

　　【題】試不使用圓規，而從所給的半圓外的 *A* 點（圖 140 左）向直徑 $\overline{BC}$ 作一垂線。圖中圓心的位置沒有標出。

　　【解】這裡我們要運用三角形的一個特性：三角形的高各相交於一點。把 *A* 點和 *B*、*C* 兩點連接，得出 *D*、*E* 兩點（圖 140 右）。顯然，$\overline{BE}$ 和 $\overline{CD}$ 兩直線是 △*ABC* 的高。第三個高——所求的作向 $\overline{BC}$ 的垂線——應該要通過另外兩個高的交點，也就是通過 *M* 點。用尺過 *A* 點和 *M* 點作一直線，我們的問題就解決了，根本不需要圓規的幫助。

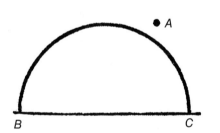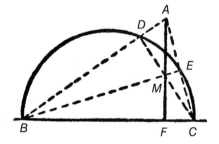

圖 140　不用圓規的作圖題及解法：第一種情形

　　假如由於 *A* 點位置的關係，使所求的垂線落在直徑的延長線上（圖 141），那麼這個題目只有當原題所示不是一個半圓而是整個圓，才能獲得解答。圖 141 告訴我們，這種題目的解法和上面講的沒有什麼不同，只是 △ *ABC* 的高並不在圓裡相交，而在圓外相交。

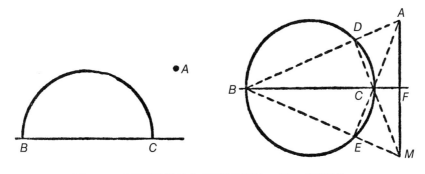

圖 141　不用圓規的作圖題及解法：第二種情形

∞ *10.2* 鐵片的重心

【題】你大概一定知道，一塊均勻的矩形或菱形薄片，它的重心是在對角線的交點上；假如這塊薄片是三角形的，那麼重心就在各中線的交點上；假如是圓形的，就在這個圓的圓心上。

現在，請你想想看，怎樣用作圖的方法找到一塊由任意兩個矩形組成的薄片（見圖142）的重心。

條件是只准使用直尺，而且不得作任何度量和計算。

【解】延長 $\overline{DE}$ 邊交 $\overline{AB}$ 於 N 點，延長 $\overline{FE}$ 邊交 $\overline{BC}$ 邊於 M 點（圖143）。我們先把這塊薄片看作由兩個矩形 $ANEF$ 和 $NBCD$ 組成。這兩個矩形各自的重心，位置在其對角線的交點 O_1 和 O_2 上。因此，整個薄片的重心必在 $\overline{O_1O_2}$ 直線上。現在，再把這塊薄片看作由兩個矩形 $ABMF$ 和 $EMCD$ 組成，這兩個矩形的重心分別在 O_3 和 O_4。整個薄片的重心必在

$\overline{O_3O_4}$ 直線上。因此，整個薄片的重心應該在 $\overline{O_1O_2}$ 和 $\overline{O_3O_4}$ 兩條直線的交點 O 上。

你看，這個作圖題果然只用直尺就解決了。

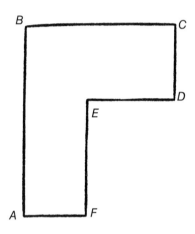

圖 142　在只准使用直尺的條件下，試找出這塊薄片的重心

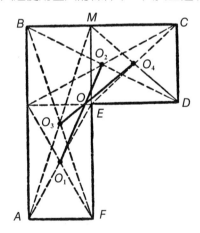

圖 143　薄片的重心找到了

ᘓ *10.3* 　拿破崙的題目

　　我們剛才做的是只用直尺而不用圓規（在題目裡原來是需要作圓的情況下）的作圖。現在再來談幾個和剛才的限制剛好相反的題目：不許使用直尺，只許使用圓規的作圖題目。這類題目中的一個曾經引起拿破崙一世的興趣，他在讀了義大利一位學者馬克羅尼著的關於這類作圖的書之後，給法國的數學家們出了下面這道問題。

　　【題】把一已知圓周分成四等分，不准使用直尺。圓心位置是已經知道的。

　　【解】設要把圓周 O 分成四等分（圖 144）。由圓周上任意一點 A 用半徑的長度依次在圓周上做出 B、C、D 三點。不難看出，A、C 間的距離相當於圓周長 $\frac{1}{3}$ 的一段弧的弦，正是一個內接等邊三角形的一邊，因此等於 $\sqrt{3}\ r$，這裡 r 是圓的半徑。$\overline{AD}$ 的距離不成問題，是圓的直徑。用 $\overline{AC}$ 作半徑，從 A 和 D 分別作弧，相交於 M 點。現在我們要證明 $\overline{MO}$ 間的距離恰好等於這個圓周的內接正方形的邊長。

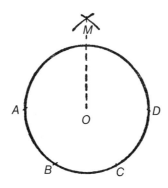

圖 144　只准使用圓規，怎樣把圓周分作四等分？

△ *AMO* 中，直角邊

$$\overline{MO}=\sqrt{\overline{AM}^2-\overline{AO}^2}=\sqrt{3r^2-r^2}=\sqrt{2}\ r$$

就是等於內接正方形的邊長。

現在，我們只要把 $\overline{MO}$ 的長度依次用圓規在圓周上劃分，就可以得到內接正方形的四個頂點，這四個頂點顯然把圓周分成了四等分。

下面是同類性質而更容易的一個題目。

【題】試不用直尺，把 *A*、*B* 兩點間距離（圖 145）增加到五倍，或增加到任何指定倍數。

【解】用 $\overline{AB}$ 作半徑，*B* 點作圓心，作一圓（圖 145）。從 *A* 點用 *AB* 的距離在圓周上依次量三次，得出 *C* 點，這個 *C* 點無疑是在直徑上和 *A* 點相對的一點，實際上 $\overline{AC}$ 是 $\overline{AB}$ 的兩倍。

再用 $\overline{BC}$ 作半徑，*C* 點作圓心作圓，就又可以得出在直徑上和 *B* 點相對的一點，也就是說，得到離 *A* 點三倍於 $\overline{AB}$ 距離的一點，以下依此類推。

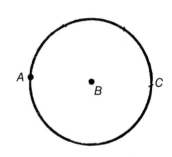

圖 145　只准使用圓規，怎樣把 *A*、*B* 兩點間距離增加到 *n* 倍（*n* 是整數）

❧ *10.4*　最簡單的三分角器

只使用圓規和沒有劃分尺寸的直尺，是不可能把給定的一個任意角分成三等分的。

但是數學並不否認可以使用其他工具來做劃分的工作。爲了達到這個目的，發明了許多機械的工具，這種工具叫做三分角器。

一具最簡單的三分角器，每個人都可以使用一張厚紙、硬紙板或薄鐵片自製出來，作為你的輔助繪圖用具。

圖 146 所示的三分角器大約就是它實際的大小。（塗有陰影線的）圖中和半圓相接的 $\overline{AB}$，長度和半圓的半徑相等。另一段 $\overline{BD}$ 和 $\overline{AC}$ 垂直，並在 B 點和半圓相切；$\overline{BD}$ 的長度不限。

圖上也說明了這種三分角器的用法。假如我們要把一個 $\angle KSM$（圖 146）分成三等分，把 $\angle KSM$ 的頂點 S 放在三分角器的 $\overline{BD}$ 線段上，使 $\angle KSM$ 的一邊通過 A 點，另一邊和半圓相切[1]。然後作直線 $\overline{SB}$ 和 $\overline{SO}$，於是這個角就分成三等分了。

要證明這種做法是正確的，把半圓的圓心 O 和切點 N 用線段連接。這時就很容易看出，△ ASB 和△ OSB 全等，而△ OSB 和△ OSN 全等。從這些三角形的全等，可知∠ ASB、∠ OSB 與∠ OSN 各角也都彼此相等，這就是我們所要證明的。

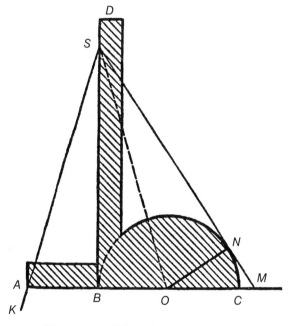

圖 146　三分角器和它的使用方法

1　三分角器之所以能夠這樣放到任何一個角裡，是因為把角分成三等分的直線上的各點有這樣一個簡單的性質：如果從 $\overline{SO}$ 線的任一點 O 作線段 $\overline{ON} \perp \overline{SM}$，並作線段 $\overline{OA} \perp \overline{SB}$（圖 146），那就可得 $AB=OB=ON$。這一點，讀者不難自行證出。

這樣的三等分角的方法，已經不是純幾何學的了，可以叫做機械的方法。

◎ *10.5* 時計三分角器

【題】用圓規、直尺和一個時計，能不能把一個給定的角分成三等分呢？

【解】能。要把這個角的圖樣畫到一張透明薄紙上，當時計的長短針並在一起的時候，把透明紙上的圖樣鋪到時計面上，使圖中角的頂點位置恰好在時針軸心上，角的一邊和相並的兩針方向相合（圖147）。

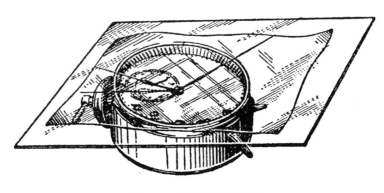

圖 147　時計三分角器

當時計的分針走到和角的另一邊相合的位置的時候（你自己把針撥到那裡也可以），在那透明紙上照時針的方向從角的頂點上畫出一條線。這樣就得到了相當於時針轉動角度的一個角。然後，利用圓規和直尺，把這個角度放大一倍，把放大了的角再放大一倍（放

大角度的方法，在幾何課中已經知道了），這樣得出的角度就恰好是所給的角的三分之一。

事實上，每當分針走了一個 α 角的時候，時針所走的角，必定是分針的十二分之一，就是走了 $\frac{\alpha}{12}$，那麼，把這個角放大一倍再放大一倍，所得的角度就是 $\frac{\alpha}{12} \times 4 = \frac{\alpha}{3}$ 了。

◌ **10.6　圓周的劃分**

無線電愛好者、各種模型的設計者和創造者以及一切喜歡用自己的雙手製作的人們，有時會在實際工作中碰到下面這樣的要動腦筋的題目。

【題】從一塊鐵片上割出一個指定邊數的正多邊形來。

這個問題和下面的問題一樣：

把一個圓周分成 n 等分，n 是整數。

【解】讓我們暫時把使用量角器的方法放到一邊，因為那畢竟只是一種「用眼睛」解決問題的方法，我們應該從它的幾何解法方面多想一下，同樣只用圓規和直尺。

首先發生的是這麼一個問題：在理論上，單使用圓規和直尺，究竟可以把一個圓周準確地分成多少個相等部分？這個問題數學上早已有了完全的解答，並不是可以分成任何數的等分的。

可以分成：2、3、4、5、6、8、10、12、15、16、17、⋯ 257、⋯ 等分。

不能分成：7、9、11、13、14、⋯ 等分。

更糟糕的是，並沒有一個一致的作圖方法，比方說，分成 15 等分的方法和分成 12 等分的不同，而且，這許多種方法還很難記住。

在實際工作上，需要一種幾何方法，儘管只是求得近似值的方法，只要能夠簡單地把一個圓周劃分成任何數的等分就好。

可惜的是，幾何學課本裡面完全沒有注意到這個問題，因此，接下來介紹一個解答這類題目的有趣的近似幾何方法。

假設，比如說，要把一個給定的圓周（圖 148）分成九等分。從任一直徑 $\overline{AB}$ 作一等邊三角形△ ACB，把直徑 $\overline{AB}$ 在 D 點分成 $\overline{AD}$ 和 $\overline{DB}$ 兩段，使 $\overline{AD}:\overline{AB}=2:9$（在一般的情形，使 $\overline{AD}:\overline{AB}=2:n$）。

用線段連接 C、D 兩點，並把它延長到和圓周相交於 E 點，那時弧線 $\overset{\frown}{AE}$ 就會大約等於圓周的九分之一（對於一般情形，$\overset{\frown}{AE}=\dfrac{360°}{n}$），或者說弦 $\overline{AE}$ 就等於內接正九邊形（或 n 邊形）的一邊了。這裡可能發生的誤差大約是 0.8%。

假如把剛才作圖中的圓心角 AOE 和等分的分數 n 的關係表示出來，可得下列公式：

$$\tan\angle AOE=\frac{\sqrt{3}}{2}\times\frac{\sqrt{n^2+16n-32}-n}{n-4}$$

當 n 的數值很大的時候，上式可以簡化成下列近似的公式：

$$\tan\angle AOE\approx 4\sqrt{3}\,(n^{-1}-2n^{-2})$$

另外，把圓周準確地分成 n 等分，圓心角 $\angle AOE$ 應該等於 $\dfrac{360°}{n}$。把這個值和 $\angle AOE$ 作比較，可以得到我們由於使用上法而發生的誤差。

下表是對於某些 n 值的相關值。

n	3	4	5	6	7	8	10	20	60
$360°/n$	120°	90°	72°	60°	51°26'	45°	36°	18°	6°
$\angle AOE$	120°	90°	71°57'	60°	51°31'	45°11'	36°21'	18°38'	6°26'
誤差%	0	0	0.07	0	0.17	0.41	0.97	3.5	7.2

從上表可知，我們可以用上面這種方法把一個圓周分成 5、7、8、10 等分而不致發生很大的誤差（從 0.07 ～ 1%）。像這樣的誤差，在大多數實際情形下，是不礙事的。但是當分成的分數 n 增加的時候，這個方法的精確性顯著降低，也就是說誤差顯著增高。不過在任何 n 值，這個誤差都不會超過 10%。

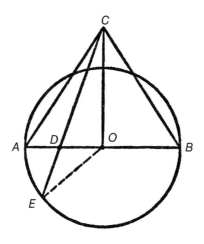

圖 148　把圓周分成 n 等分的幾何上的近似方法

☙ 10.7　打撞球的題目

打撞球的時候，如果想使被擊中的撞球不是簡單地沿著直線落到洞裡，而要它撞到一次、兩次甚至三次台邊後再落到洞裡，那麼，你首先就得思考並解答一個幾何作圖的題目。

這裡重要的是正確地「用眼睛」找出撞球第一次撞到台邊上的一點，至於這顆有彈力的撞球在這張很好的台子上此後的路程，可以按照反射定律（入射角等於反射角）求出。

【題】假設你的撞球停在台面中央，你想使它經過三次跟撞球台邊碰撞反射後，再掉入洞 A 裡（圖 149），在幾何學上有哪些東西可以給你一點幫助呢？

圖 149　撞球台上的幾何學題目

【解】你應當想像除這張台子之外，在它短的一邊上還並列有三張同樣的台子，然後把你的撞球向著想像中第三張台子的最遠的洞擊去。

圖 150 可以幫助我們把這個說法解釋清楚。設 OA'B'C'A 是撞球受撞擊後所走的路徑。假設我們把這「台子」ABCD 繞 $\overline{CD}$ 線翻了 180°，使它占有圖中 I 的位置，然後繞 $\overline{AD}$ 線再翻一次，繞 $\overline{BC}$ 線再翻一次，那麼它將占有位置III。那時洞 A 的位置將在 A_1 點上。

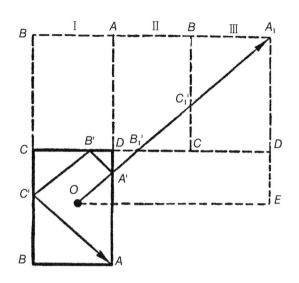

圖 150　假設有三張同樣的台子排在一起，你正向最遠的一洞瞄準

　　從顯然是全等的三角形中，你很容易可以證明 $\overline{A'B'_1}=\overline{A'B'}$、$\overline{B'_1C'_1}=\overline{B'C'}$ 和 $\overline{C'_1A_1}=\overline{C'A}$，就是線段 $\overline{OA_1}$ 的長度和折線 $OA'B'C'A$ 的長度相等。

　　因此，只要向想像中的 A 點擊去，就會使你的撞球沿折線 $OA'B'C'A$ 滾去，一直滾入到洞 A 裡。

　　現在我們再來搞清楚這樣一個問題：直角三角形 $\triangle A_1EO$ 的 $\overline{OE}$ 和 $\overline{A_1E}$ 兩邊要在什麼條件下才相等？

　　我們不難確定，$\overline{OE} = \dfrac{5}{2}\overline{AB}$、$\overline{A_1E} = \dfrac{3}{2}\overline{BC}$。

　　如果要 $\overline{OE} = \overline{A_1E}$，那麼 $\dfrac{5}{2}\overline{AB} = \dfrac{3}{2}\overline{BC}$，$\overline{AB} = \dfrac{3}{5}\overline{BC}$。

因此,假如撞球台短的一邊等於長的一邊的 $\frac{3}{5}$,那 $\overline{OE}=\overline{A_1E}$。在這種情形下,放在台子正中央的撞球,可以用和台邊成 45° 角的方向向它擊去。

∝ *10.8* 「聰明」的撞球

在上一節中,我們用了一個簡單的幾何作圖方法,解決了打撞球的題目,現在,讓那顆撞球自己來解答一個有趣的古老的題目。

這難道有可能嗎?撞球是不會思考的呀!是的,但是如果必須完成某種計算,而且已經知道對於題中所給的數所應該進行的演算法以及演算法的順序,這種計算是可以交給機器做的,它會做得完全正確而且迅速。

正是因為這個原因,人們發明了許多種計算用的機器。從簡單的加減機起,一直到複雜的電子電腦。

大家在課餘時常會碰到下列這類消遣性的題目,比如,一個定量容器裡盛滿一種液體,要把這液體的某一部分倒出,手頭上卻只有兩個空的某種定量的容器,問你究竟應該怎樣倒。

下面就是許多這種題目中的一個。

一個水桶,可容十二杓[2] 水,還有兩個空桶,一個容量九杓,另一個五杓,怎樣利用這兩個空桶來把這大水桶中盛滿的水平分成兩半?

2　通「勺」,10 撮 =1 杓;10 杓 =1 合(讀 ㄍㄜˇ);10 合 =1 升。

要解答這個問題，你當然用不著眞的拿水桶來做實驗。所有的「傾注」可以用在一張紙上畫出下表來完成：

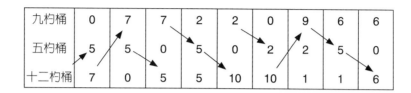

上表每一欄中寫明每次傾注以後的杓數。

第一欄：把五杓桶注滿，九杓桶空著（0），十二杓桶裡還剩下 7 杓水。

第二欄：從十二杓桶把 7 杓水倒到九杓桶。

依此類推。

這個表一共有九欄，這就是說，爲了解決這一個題目，要做九次傾注。

你可以試用另一種程序的傾注方法，來解決這個題目。

在一系列的嘗試和實驗之後，你無疑會達到目的，這是因爲上面那表所示的並不是解答這個題目的唯一方法。然而在其他的條件下需要傾倒的次數會超過九次。

關於這個題目，搞清楚下列兩點是很有趣的：

1. 能不能建立一個可以適用於傾注任何容量液體的一定的傾注順序？

2. 是不是可以利用兩個空容器從第三個容器裡倒出任何可能數量的水來？例如，從十二杓桶中利用九杓空桶和五杓空桶量出 1 杓、2 杓、3 杓、4 杓以至 11 杓水。

這些問題，我們的「聰明」的撞球都能解答，只要我們替它造一個特殊構造的「撞球台」

就可以了。

在一張紙上畫出一些斜形的格子來，使每個格子都成大小相等的菱形，菱形的銳角是60°，然後畫出圖形 $OBCDA$ 如圖 151 所示。

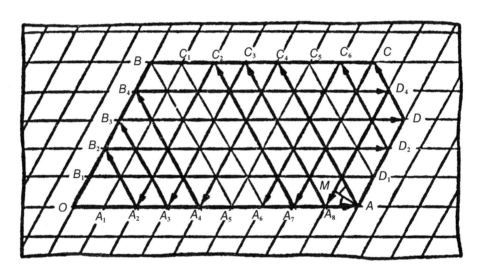

圖 151　「聰明」的撞球的撞球台

這個圖形就是我們替那「聰明」的撞球所造的特種「撞球台」。假如在這台上把撞球沿 $\overline{OA}$ 線推動，那麼，它將根據「入射角等於反射角」的定律（$\angle OAM = \angle MAC_4$）從台邊 $\overline{AD}$ 撞回，沿著連接各個小菱形頂端的 $\overline{AC_4}$ 線滾去；然後，在 C_4 點碰到台邊 $\overline{BC}$，又沿 $\overline{C_4A_4}$ 線滾了回來；之後繼續沿 $\overline{A_4B_4}$，$\overline{B_4D_4}$，$\overline{D_4A_8}$ 等線滾過去，依此類推。

根據方才的題意，我們手頭有三個桶：九杓桶、五杓桶和十二杓桶，與此相應，使 $\overline{OA}$

邊含 9 格，$\overline{OB}$ 邊含 5 格，$\overline{AD}$ 邊含 3（12 － 9 ＝ 3）格，BC 邊含 7（12 － 5 ＝ 7）格[3]。

　　我們要注意一點，這個圖形邊上的每一點，跟 $\overline{OB}$ 和 $\overline{OA}$ 兩邊各相隔一定的格數。例如，C_4 點離 $\overline{OB}$ 邊 4 格，離 $\overline{OA}$ 邊 5 格；A_4 點離 $\overline{OB}$ 邊 4 格，離 $\overline{OA}$ 邊 0 格（因為它本身就在 $\overline{OA}$ 邊上）；D_4 點離 $\overline{OB}$ 邊 8 格，離 $\overline{OA}$ 邊 4 格等。

　　因此，球所撞向的圖形邊上的每一點，決定著兩個數字。

　　我們假設這兩個數字中的一個，就是離 $\overline{OB}$ 邊的格數，表示九杓桶裡的水的杓數；另一個就是這一點離 $\overline{OA}$ 邊的格數，表示五杓桶裡的水的杓數。所餘水量，顯然就是十二杓桶裡存水的杓數。

　　現在，利用這顆「聰明」的撞球來解題的一切準備工作都齊全了。

　　把這顆撞球重新沿 $\overline{OA}$ 邊擊出，這顆撞球就會在碰到每個台邊的時候，折向另一個台邊。我們不妨隨著它的滾動走去，假設一直走到 A_6 點（圖 151）。

　　第一次撞邊點為 A（9,0），這就是說，第一次的傾注應該使水得到下列的分配：

九杓桶	9
五杓桶	0
十二杓桶	3

　　這是可以做得到的。

3　一開始裝滿水的桶子，總是容量最大的那一個。設兩空桶的容量是 a 和 b，盛滿水的桶子是 c。假如 $c \geq a+b$，那麼這張「撞球台」就將畫成一邊有 a 格，另一邊有 b 格的平行四邊形。

第二次撞邊點為 C_4（4,5），這就是說，撞球建議我們做如下的第二次傾注工作：

九杓桶	9	4
五杓桶	0	5
十二杓桶	3	3

這也是可以做到的。

第三次撞邊點為 A_4（4,0），第三次傾注應該把 5 杓水重新倒回十二杓桶：

九杓桶	9	4	4
五杓桶	0	5	0
十二杓桶	3	3	8

第四次撞邊點為 B_4（0,4），第四次傾注結果是：

九杓桶	9	4	4	0
五杓桶	0	5	0	4
十二杓桶	3	3	8	8

第五次撞邊點為 D_4（8,4），撞球要我們把 8 杓水倒到九杓桶裡去：

九杓桶	9	4	4	0	8
五杓桶	0	5	0	4	4
十二杓桶	3	3	8	8	0

如此繼續跟隨著撞球走去，你將可以得到下列這張表：

九杓桶	9	4	4	0	8	8	3	3	0	9	7	7	2	2	0	9	6	6
五杓桶	0	5	0	4	4	0	5	0	3	3	5	0	5	0	2	2	5	0
十二杓桶	3	3	8	8	0	4	4	9	9	0	0	5	5	10	10	1	1	6

終於，在一系列的傾注之後，我們的目的達到了：在兩個桶中每桶各有 6 杓水。撞球替我們解答了這個題目！

但是撞球解題解得並不好。我們前面已經找到只需要九道手續的解答（見 273 頁的表），而撞球解出的卻有十八道手續。

不過撞球也能夠提出比我們更簡短的解答。

讓我們把它沿 $\overline{OB}$ 邊推動（圖 151），跟隨著它的運動，假設這個運動是按「入射角等於反射角」定律進行的。撞球沿 $\overline{OB}$ 邊到 B 點後，就會從 $\overline{BC}$ 邊折回而沿 $\overline{BA_5}$ 滾去，接著沿 $\overline{A_5C_5}$，$\overline{C_5D_1}$，$\overline{D_1B_1}$，$\overline{B_1A_1}$，$\overline{A_1C_1}$，直到最後沿 $\overline{C_1A_6}$ 滾去。

一共只有 8 道手續！

照我們上面的假設，把撞球的每一個撞邊點翻譯出來，就可以得到本題如下表的解：

九杓桶	0	5	5	9	0	1	1	6
五杓桶	5	0	5	1	1	0	5	0
十二杓桶	7	7	2	2	11	11	6	6

撞球求出了本題最簡便的答案：只需要用 8 道手續。

但是，同類的題目，可能得不到我們所需要的回答。

撞球如何發現這種情形呢？

這事很簡單，在這種情形下，它將返回出發點 O，而撞不到所求的點上。

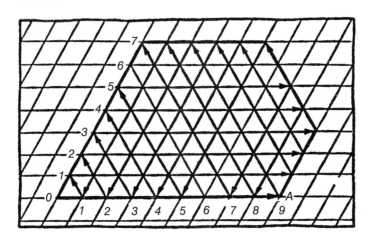

圖 152　「機器」表明不可能使用九杓桶和七杓桶從盛滿水的十二杓桶分出兩個 6 杓水。

圖 152 表示解答九杓桶、七杓桶、十二杓桶的題目的方法。

九杓桶	9	2	2	0	9	4	4	0	8	8	1	1	0	9	3	3	0	9	5	5	0	7	7	0
七杓桶	0	7	0	2	2	7	0	4	4	0	7	0	1	1	7	0	3	3	7	0	5	5	0	7
十二杓桶	3	3	10	10	1	1	8	8	0	4	4	11	11	2	2	9	9	0	0	7	7	0	5	5

「機器」告訴我們，從這個十二杓桶裡，用一個空的九杓桶和一個空的七杓桶，可以倒出其它任何杓數的水，只是不可能是這 12 杓水的一半，也就是 6 杓水。

圖 153 是「機器」解答三杓桶、六杓桶和八杓桶題目的方法。這個圖中，撞球在四次撞邊之後，回到了出發點 O。

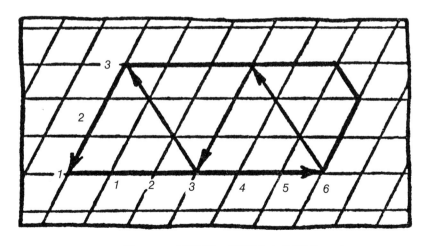

圖 153　解答另一個傾注水的題目

下面這個表表示在這種情形下，不可能由八杓桶中傾倒出 1 杓、4 杓或 7 杓的水來。

六杓桶	6	3	3	0
三杓桶	0	3	0	3
八杓桶	2	2	5	5

你看，我們的「撞球台」和「聰明」的撞球果然成了一部新奇特殊的電腦，對傾注的題目解答得不壞。

○3 10.9　一筆畫

【題】請你把圖 154 上面的五個圖形照樣畫到一張紙上，然後試把每一個圖形用鉛筆一筆到底描下來，也就是不得將鉛筆提離紙面，已經描過的線不許描第二次。

許多人拿到這個題目，都選從圖形 (d) 開始，因為這個圖形看起來最簡單，但是他們想一筆把這圖形描繪出來，卻都失敗了。於是他們垂頭喪氣沒信心地去試其他幾個圖形，但出乎意料之外，使他們感到驚奇歡喜的是，(a)、(b) 兩個圖形沒什麼困難就描出來了，甚至複雜的圖形 (c) 也描出來了。只有圖形 (e)，和圖形 (d) 一樣，沒有人能夠一筆把它畫下來。

為什麼有些圖形可以用一筆畫出，另一些圖形卻不能做到這一點呢？是因為我們不夠聰明，還是這個題目對於某些種類的圖形根本就不可能解答？在這種情況下，能不能找出什麼線索，用來預先判斷是否可以把一個圖形一筆畫出來呢？

【解】讓我們把每個圖形中各線的交點叫做「結點」，而且把有偶數條線匯聚的結點

叫做偶結點，有奇數條線匯聚的結點叫做奇結點。圖形 (a) 中的各個結點都是偶結點，圖形 (b) 中有兩個奇結點（A、B 兩點），圖形 (c) 中的奇結點是在中間橫切的直線兩端，圖形 (d) 和 (e) 中各有四個奇結點。

我們先來看看所有結點都是偶結點的圖形，例如圖形 (a)。我們可以從任何一點開始描繪。比如說，首先經過的是 A 結點，這時我們描出了兩條線，一條走向 A 點，另一條由 A 點走出。由於在每個偶結點，從結點走出來的和走進去的線條數相同，當我們的筆從一個結點描向另一個結點，還未被描繪的線每一次就會減少兩條，因此，描完所有線後回到出發點，原則上是完全可能的。

但是，假如你的筆已經回到出發點，而且再沒有路可以走出去了，而圖形上卻還有沒有描繪的線，這就表示我們必須把路線加以修正：假設這些由 B 結點引起，而 B 結點我們已經走過。在到達 B 結點的時候，要先描繪出那些沒有描繪的線，回到 B 結點後，再按原有路程前進。

例如，原本我們打算這樣來描出圖形 (a)：先描出△ ACE 的三條邊，然後，回到 A 點後，描出圓周 ABCDEFA（圖 154）。這樣一來△ BDF 就描繪不到了，因此我們要在比如說離開結點 B 並沿弧線 $\overline{BC}$ 描下去之前，先把△ BDF 描完。

總之，假如一個圖形的所有結點都是偶結點的話，那麼不論你從這個圖形的哪一點出發，都一定可以一筆把它描繪下來，而且描繪完畢的終點應該恰好是你開始的出發點。

現在我們來看一看包含兩個奇結點的圖形。

比如圖 154 的圖形 (b)，它有兩個奇結點 A 和 B。

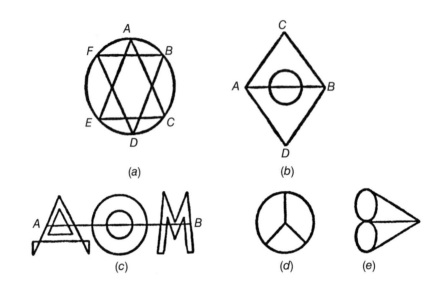

圖 154　試把圖中每個圖形一筆到底描出，不能把鉛筆離開紙面，已描過的線，不許描第二次

這種圖形也可以一筆把它描繪出來。

我們可以先從第一個奇結點開始，經過某幾條線走到第二個奇結點，例如，在圖形 (b) 中，由 A 經 ACB 走到 B。

把這些線描過之後，實際上相當於為每個奇結點減少了一條線，彷彿這條線根本就不存在似的，因此，兩個奇結點變成了偶結點。這個圖形中除此之外沒有其他奇結點，那麼，現在我們的圖形就只具有偶結點；舉例來說，圖形 (b) 中描繪了 ACB 之後，剩下來的只有一個三角形和一個圓周了。

這樣的圖形，剛才已經說明過，可以一筆畫出來，因此整個圖形 (b) 可以用一筆描繪出來。

　　這裡有一點補充的說明：當你從第一個奇結點開始描繪的時候，描向第二個奇結點的路程必須得選擇適當，不得造成和原有圖形隔絕的情形。例如，當你描繪圖 154 的圖形 (b) 的時候，假如你急忙從奇結點 A 沿 $\overline{AB}$ 直線直達另一奇結點 B，那就不對了，因為這時圓周將和其他部分隔絕，不可能描繪得到了。

　　總之，如果一個圖形中含有兩個奇結點，那麼成功的畫法是從一個奇結點開始，終止在另一個上。也就是說，筆的起點和終點不在同一點上。

　　從這裡也可以知道，假如一個圖形有四個奇結點，那麼它將由兩筆而不是一筆畫出，但是這已經不符合我們題目的條件了。圖 154 的圖形 (d)、圖形 (e) 便都屬於這一類。

　　你現在一定已經發現，假如學會正確地思考問題，那麼就可以預先知道許多事情，使你避免不必要地浪費精力和時間，而幾何學特別能教會你怎樣正確思考。

　　或許這些討論多少使你覺得疲憊了，但是你為此而做的努力，將因你所獲得的知識而得到補償。

　　你以後可以馬上斷定，一個圖形是否可以一筆畫出，而且還知道應該從什麼結點開始描繪。

　　還有一點，你現在已經可以為你的朋友們想出無數個類似的要動腦筋的圖形，要他們去解答了。

　　最後，請你把圖 155 的兩個圖形一筆描繪出來。

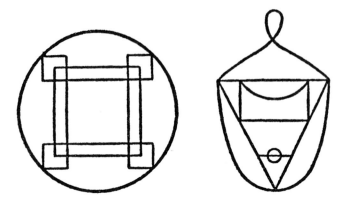

圖 155　請把兩個圖形一筆描繪出來

○3 10.10　可尼斯堡的七座橋梁

兩百多年前，在可尼斯堡有七座架在波列格爾河上的橋梁（圖 156）。

在 1736 年，數學家歐拉（那時他才不過三十歲左右）對於下面這樣一個題目感到了好奇：在城裡散步，能不能走過這七座橋梁，而每一座只許經過一次？

不難看出，這題目和方才所講的描繪圖形的題目十分相像。

讓我們先把可能的路徑畫出來（如圖 156 的虛線），結果得到的是類似前面題目中有四個奇結點的圖形（圖 154 圖形（e））。這種圖形，你現在已經知道是不可能一筆畫出的，因此，這七座橋梁，假如每座只允許走一次的話，也不可能全部走完。這一點，歐拉在那個時候就證明出來了。

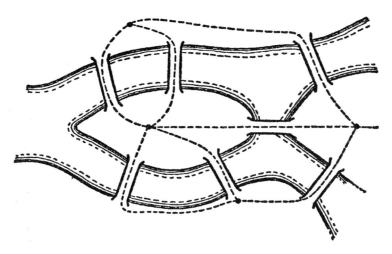

圖 156　假如每座橋上只准走一次，就不可能把七座橋樑全部走完

∞ *10.11*　幾何學玩笑

　　在你和你的朋友們都知道一筆畫的秘密之後，你可以向他們宣布說，你又開始用一筆經過四個分散的點來畫出不連續的圖形了，並且你的筆沒有離開紙，也不需要畫其他線條（圖 157）。

　　你清楚地知道這是不可能的，但是大話已經說出口了。現在我就來教你玩一個小小的花招。

　　從 *A* 點開始畫圓（圖 157）。畫完 1/4 個圓，也就是 $\overparen{AB}$ 弦之後，放一張透明的紙片到 *B* 點（或者將畫有圖形的紙片的下面部分折疊起來），接下來用鉛筆將半圓的下面部分移到

B 點的對面一點 D。

現在，將透明紙片挪走（或者將折疊起來的紙片展開）。在紙片朝著我們的部分上，只有畫好的 $\overset{\frown}{AB}$ 弦，但是鉛筆卻跑到 D 點去了（雖然你並沒有將其從紙上移開來）。

要將圖形畫完並不困難：先畫出 $\overset{\frown}{DA}$ 弦，然後畫直徑 $\overline{AC}$、弦 $\overset{\frown}{CD}$ 和直徑 $\overline{DB}$，最後畫弦 $\overset{\frown}{BC}$。也可以選擇另外的路線從 D 點開始畫，請自己找出畫法。

圖 157 幾何學的小花招：一筆畫完圖形

❧ *10.12*　正方形的檢驗

【題】有一位裁縫，想檢查他的一塊布料是否是正方形的，他把這塊布料沿著兩條對角線對折了兩下，發現這塊布料的四個邊恰好互相吻合。請問，這種檢查方法是否可靠？

【解】這位裁縫師傅的做法，只證明了這塊四邊形布料的各條邊彼此相等。一個具有這種特性的凸角的四邊形，不僅有正方形，還有菱形，而菱形只在它的各角都是直角的時候才成爲正方形。因此，裁縫師傅的檢查方法是不夠的。還必須確定，至少由眼睛測定，這塊布料的每個角都是直角。要確定這一點，可以把這塊布料沿它的中線再折一下，看看折在一邊的各角是否彼此吻合。

❧ *10.13*　下棋遊戲

要玩這種遊戲，需要找一張四方形的紙，再找一些形狀相同而且對稱的小東西，例如同樣面值的硬幣、圍棋棋子、火柴盒等。這些小東西要有足夠鋪滿整張紙那麼多。

這遊戲是兩個人玩的，兩個人依序把棋子一個一個放到紙上的任何位置，一直到沒有地方可以再放爲止。

一個棋子放下去後，就不准它的位置再有改變。最後放下棋子的人就是優勝者。

【題】試找出一個玩這種遊戲的方法，使走第一步棋的人一定能得勝。

【解】下第一步棋的人應該把他的第一個棋子放到紙的正中央，使這個棋子的對稱中心和紙的中心相合，那麼，之後每一次只需要把自己的棋子放到你的對手所放棋子的對稱

位置上（圖 158）。

圖 158　幾何遊戲，最後放下棋子的那個人為贏家

　　只要遵守這個規則，那麼走第一步的人就總能找到安放棋子的地方，他必定得勝。

　　這個方法的幾何原理在於四方形的紙有它的對稱中心，使所有通過它的直線都被分作兩半，並由通過它的直線把圖形分成相等的兩部分。因此，四方形上除了這個中心之外，任何一點（或放下的任何一個棋子）必定有它對稱的另一點（或放棋子的位置）。

　　由此可知，只要走第一步棋的人占領了圖形的中心位置，那麼，無論他的對手把棋子放到什麼地方，四方形紙上必定會找到一個和對手剛剛放下的棋子位置相對稱的空位。

又因為每次必須由後走的人選擇棋子位置，因此，玩到最後，紙上恰好在他要放棋子的時候沒有地方可以再放，因此，先下棋的人當然一定會得勝了。

幾何學中的大和小

第 11 章

Geometry

$a + b = c$
$c > 0$

♋ *11.1*　一立方公分裡有27000000000000000000個

　　這一節的題目上，有一個很長的數，27 後面有 18 個零，這個數字可以有不同的讀法。有些人說這是 2700 京，另一些人，比如財務工作者，則讀成 27 艾（可薩），而另外一些人則簡寫成 27×10^{18}，讀作 27 乘 10 的 18 次方。

　　究竟在一立方公分的體積中可以容納得下這樣大數量的什麼東西呢？

　　這裡談的是環繞著我們的空氣中的微粒。空氣這東西，和世界上所有物質一樣，是由分子組成的。物理學家確定，每一立方公分體積的空氣中，在 0℃ 下，有 27×10^{18} 個分子。這真是一個數字上的「巨人」，要恰當地想像這個數究竟大到什麼程度，即使是最富有想像力的人恐怕也無能為力。說真的，這麼大一個數目，我們哪能找到可以用來和它相比擬的東西呢？和全世界人口總數來比嗎？但是整個地球一共只有 50 億（5×10^9）人 [1]，一立方公分的空氣分子數要比它大 54 億（5.4×10^9）倍。假如我們用現代最強的望遠鏡所能望到的宇宙間星體，每一個都像太陽一樣被許多行星環繞，而且這些行星上面都有和地球上一樣多的人口，那時的人口總數也還不及一立方公分中空氣分子的「人口」那麼多！如果你想把這些肉眼不可見的「人口」一一數出來，那麼，假設你每分鐘能夠數出 100 個分子，而且繼續不停地數下去，你至少也得數五千億年（5×10^{11} 年）。

　　但是，即使是稍小一些的數字，也不一定能讓我們形成一個明確的印象。

　　舉例來說，假如有人向你談到放大一千倍的顯微鏡，你將怎樣體會這個放大倍數呢？一千這個數目不算大，可是，一千倍的放大，卻並不是每一個人都能對它有正確的體會。對

1　這是多年前原作者那個時代的資料。

於在這種顯微鏡中看到的物體實際的微小程度，我們時常不會予以正確的判斷。傷寒桿菌放大一千倍後在正常明視距離也就是 25 公分遠處看去，大約有一隻蒼蠅大小（圖 159）。但是，這個桿菌實際上是多麼微小呢？你不妨設想你自己也隨著這個桿菌放大了一千倍。這就是說，你的身高將達 1700 公尺之高！你的頭將矗立在雲層以上，而許多大廈還不及你的膝蓋那麼高（圖 160）。這個想像的巨人和你比較所縮小的倍數，恰好就是蒼蠅和桿菌比較所縮小的倍數。

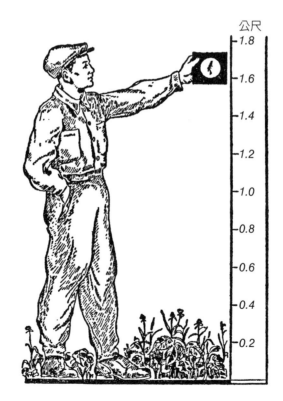

圖 159　一位青年在檢視放大一千倍後的傷寒桿菌

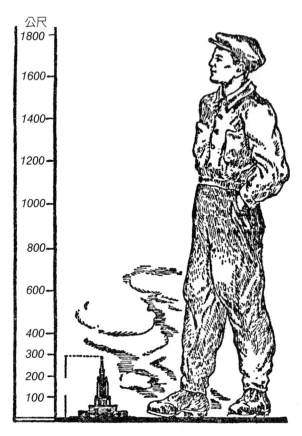

圖 160　放大一千倍後的青年

∝ *11.2*　體積和壓力

你也許會想，「這 $27×10^{18}$ 個空氣分子「住」在一立方公分裡，不會太擠嗎？」不，一點也不擠！氧或氮的每個分子，直徑大約是 $\dfrac{1}{10000000}$ 毫米（或寫作 $3×10^{-7}$ 毫米）。假如

我們拿直徑的立方作為這個分子的體積，那就得到：

$$(\frac{3}{10^7}\text{毫米})^3 = \frac{27}{10^{21}}\text{立方毫米}$$

每一立方公分中共容有 27×10^{18} 個分子，因此，全部分子所占用的總體積大約等於

$$\frac{27}{10^{21}} \times 27 \times 10^{18} = \frac{729}{10^3}\text{立方毫米}$$

就是大約占用一立方毫米的體積，一共只有一立方公分的千分之一。因此，各個分子間的空隙要比分子直徑大許多倍——它們可以隨意在裡面活動。事實上，你也知道，空氣的分子並不是靜靜地躺在那兒一動也不動堆成一堆的，它們一刻不停，紛亂地從一個位置移動到另一個位置，在它們所占據的空間中運動著。

氧、二氧化碳、氫、氮以及其他氣體都有工業上的用途，但是要大量保藏，必須有巨大的容器。例如，一噸（1000 公斤）重的氮，在正常壓力下占 800 立方公尺的體積，這就是說，不過要保藏一噸的純氮，就必須有 $8 \times 10 \times 10$ 立方公尺大小的容器。而要保藏一噸重的純氫，需要有 10000 立方公尺容量的容器。

我們不能使這些氣體的分子擠得更緊一些嗎？工程師們就是這樣做的——他們把這些氣體加以壓縮。但是這並不是一件容易的事。不要忘記，你用多大的力量壓向一個氣體，這個氣體就要用同樣大小的力壓向容器的壁。因此，容器壁必須非常牢固，而且不會和所藏氣體起化學作用而引起損蝕。

用合金鋼製成的最新式化學器皿，能夠耐受巨大的壓力、極高的溫度以及氣體所產生的化學上的不良作用。

如今，我們的工程師已經能夠把氫氣壓縮到只有原來體積的 $\frac{1}{1163}$，一噸重的純氫，在

大氣壓力下原本要占 10000 立方公尺體積，現在已經可以裝在比較不大的體積約 9 立方公尺的鋼筒裡了（圖 161）。

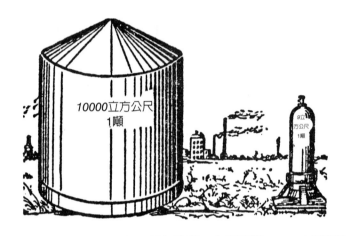

圖 161　一噸重的氫氣，左圖是在大氣壓力下所占體積，右圖是在 5000 大氣壓下所占體積（此圖沒有嚴格地按照比例）

你試想想看，鋼筒裡的氫氣，為了把體積縮小到 $\frac{1}{1163}$，它應該受到多大的壓力？物理學上說，氣體體積要縮小到多少分之一，壓力就要增加到多少倍，於是你會馬上做出這樣的回答：氫氣所受到的壓力也增加到 1163 倍。事實上果然是這樣嗎？不是的。事實上，筒裡的氫會受到 5000 大氣壓的壓力，也就是說，壓力不是要增加到 1163 倍，而是增加到 5000 倍。原因是，氣體體積和壓力成反比的這個說法，只適用於不太大的壓力。對於很高的壓力，這個定律是不適用的，比如，在我們的化學工廠裡，1 噸重的氮在正常大氣壓力下，占 800 立方公尺的體積，在受到 1000 大氣壓的壓力的時候，體積減小到 1.7 立方公尺，而當把壓

力繼續增加到 5000 大氣壓，也就是增加到五倍，體積也只縮小到 1.1 立方公尺。

ೞ *11.3*　比蛛絲更細，可是比鋼還結實

　　把一條線、鐵絲甚至蛛絲的斷面切開，無論它們是多麼細小，總是有一個一定的幾何形狀，最常見的是圓形。一條蛛絲的斷面直徑，或者用通俗的話說，它的粗細，大約是 5 微米（0.005 毫米）。還有什麼東西比蛛絲更細的嗎？誰是最工巧的「細紡工」呢？是蜘蛛還是蠶？不是蠶。天然絲的直徑是 18 微米，是一條蛛絲的 3.6 倍。

　　人們老早就在憧憬著怎樣使自己的技藝能夠超過蜘蛛和蠶的本領。大家都知道關於希臘有名的女織工阿拉克尼的那個古老傳說，那位女織工的紡織本領真的已經到了家，她織出的織物薄得像蛛絲，透明得像玻璃，輕得像空氣，甚至智慧的女神和手工藝的守護神雅典娜都不能和她相比。

　　這個傳說跟其他許多古代的傳說和傳奇一樣，在今天已經變成了事實。那些從普通木材中提取出極細而又堅韌的人造纖維的化學工程師就是工巧的阿拉克尼。舉例來說，由銅氨法製得的人造絲，粗細就只有蛛絲的 40%，在堅韌度上也幾乎不比天然絲差。天然絲每一平方毫米截面能夠承受 30 公斤的重量，而銅氨法製的人造絲，同樣大小的截面也可以承受 25 公斤的重量。

　　銅氨法製造人造絲的方法非常有趣，首先把木材變成纖維素，然後把纖維素溶解在氧化銅的氨溶液裡。溶液透過小孔流到水裡，由水把溶劑除去，然後把得到的細絲繞到特製的裝置上，這種銅氨法製得的人造絲只有 2 微米粗細。另一種所謂醋酸纖維素法所製的人

造絲，比銅氨法所製的只粗 1 微米。最使人驚異的是，在各種醋酸纖維素法所製的人造絲中，有幾種竟比鋼絲還堅韌！鋼絲每一平方毫米截面能承受 110 公斤的重量，醋酸纖維素法所製的人造絲，在同樣粗細的情形下，卻可以承受 126 公斤的重量。

　　大家都知道的黏膠法所製的人造絲，粗細在 4 微米左右，而它的極限堅韌度在每一平方毫米截面 20 ～ 62 公斤之間。圖 162 表示蛛絲、頭髮、各種人造纖維以及棉、毛纖維粗細的比較，而圖 163 表示這幾種纖維的堅韌度，每 1 平方毫米截面所能承受的重量公斤數。人造纖維或者所謂合成纖維是現代重大技術發明之一，它有重大的經濟意義。棉花生長得太慢，而且它的產量還要看天氣和收成來決定。天然絲的生產者 —— 蠶的生產能力又太有限了，牠的一生只能產出一個只有 0.5 克重的繭的蠶絲。

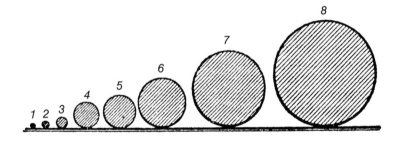

圖 162　幾種纖維的粗細比較

1. 銅氨法製人造絲；2. 蛛絲和醋酸纖維素法製人造絲；3. 黏膠法製人造絲；4. 耐綸；5. 棉；6. 天然絲；
7. 羊毛；8. 頭髮

　　從一立方公尺木材經過化學加工方法提製出來的人造絲，可以代替 320000 個繭的絲，

或是代替 30 頭羊的全年剪毛量，或 7 ～ 8 畝棉田的平均收穫量。這些纖維足夠生產 4000 雙女襪或 1500 公尺的絲織物。

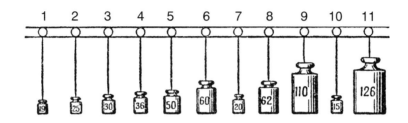

圖 163　纖維的極限堅韌度（每一平方毫米截面所能承受的公斤數）
1. 羊毛；2. 銅氨法製人造絲；3. 天然絲；4. 棉；5. 頭髮；6. 耐綸；7. 黏膠法製人造絲；8. 高強度黏膠法製人造絲；9. 銅絲；10. 醋酸纖維素法製人造絲；11. 高強度醋酸纖維素法製人造絲

🕮 11.4　兩個容器

　　我們在比較面積和體積而不是比較數的時候，對於幾何學上的大小觀念就更不容易搞清楚了。每一個人都可以毫不猶豫地回答說，5 公斤的果醬比 3 公斤多，但是不一定可以馬上說出桌上兩個容器中，哪一個的容量更大。

　　【題】圖 164 中兩個容器，哪一個容量比較大？是右邊那個寬的呢，還是左邊那個只有右邊的一半寬，卻有三倍高的呢？

　　【解】許多讀者恐怕會非常意外，高的那個容器容量比寬的那個小些。我們可以很容易用計算來證明這一點。

寬容器的底面積是窄容器底面積的 2×2 也就是 4 倍，而窄容器的高卻只有寬容器的 3 倍。因此，寬容器的容量應該等於窄容器的 $\frac{4}{3}$ 倍。假如把窄容器盛滿的水倒入寬容器裡，水會占據寬容器 $\frac{3}{4}$ 的容量（圖 165）。

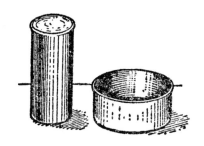 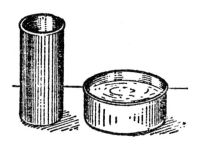

圖 164　哪一個容器的容量比較大？　　圖 165　把盛滿高容器的水倒入寬容器後的結果

♋ *11.5* 巨大捲菸

【題】在一家捲菸店的櫥窗裡，擺著一支巨大的捲菸，捲菸的長度和粗細，都是普通捲菸的 15 倍。假如一支普通捲菸要用半克菸絲來填滿的話，那麼這支巨大捲菸需要多重的菸絲才能夠填滿呢？

【解】$\frac{1}{2} \times 15 \times 15 \times 15 \approx 1700$ 克。

所需菸絲在 1.5 公斤以上。

☙ 11.6　鴕鳥蛋

【題】圖 166 左右兩邊是按同一比例尺畫的兩顆蛋。右邊那顆是雞蛋，左邊那顆是鴕鳥蛋（中間那顆則是已經絕跡的隆鳥的蛋，留待下一題再談）。請你仔細把這張圖看清楚，並告訴我，鴕鳥蛋的體積比雞蛋大多少倍？乍看之下，兩者間相差並不太大，但是用正確的幾何計算得出的結果會使你覺得驚異。

圖 166　鴕鳥蛋、隆鳥蛋和雞蛋的比較

【解】直接把圖中兩顆蛋的大小量出來，得知鴕鳥蛋的長度是雞蛋的 $2\frac{1}{2}$ 倍。因此，鴕鳥蛋的體積應該等於雞蛋體積的：

$$2\frac{1}{2} \times 2\frac{1}{2} \times 2\frac{1}{2} = \frac{125}{8}$$

就是大約 15 倍。

這樣的一顆蛋，足夠五個人的一家吃一頓，假如每個人原本要吃三顆雞蛋的話。

⅋ 11.7　隆鳥蛋

【題】從前在馬達加斯加曾經有一種巨大的鴕鳥——隆鳥，這些大鴕鳥生的蛋竟有 28 公分長（圖 166 中間那顆），而一般的雞蛋只有 5 公分長。試問一顆這麼大的馬達加斯加隆鳥的蛋，體積等於多少顆雞蛋？

【解】$\dfrac{28}{5} \times \dfrac{28}{5} \times \dfrac{28}{5} \approx 176$。

這就是說，一顆隆鳥蛋幾乎快要等於 200 顆雞蛋大！這麼大的隆鳥蛋，不難計算出，每顆重達 8～9 公斤，足夠四、五十人吃一頓了。

⅋ 11.8　大小對比最鮮明的蛋

【題】但是，蛋類大小最鮮明的對比，還是紅嘴天鵝的蛋和黃頭鳥的蛋。圖 167 表示這兩種蛋的真實大小。它們體積上的比是多少？

【解】用尺量出兩種蛋的長度，分別是 134 毫米和 15 毫米；再量出它們的寬度，分別是 80 毫米和 9 毫米。不難看出這兩組數字 $\dfrac{134}{80}$ 和 $\dfrac{15}{9}$ 彼此幾乎成正比。因此，我們可以把這兩顆蛋看作幾何學上相似的形體，也不會有重大誤差。所以它們體積上的比大約等於

$$\frac{80^3}{9^3} = \frac{512000}{729} \approx 700$$

紅嘴天鵝蛋的體積約等於黃頭鳥蛋體積的 700 倍！

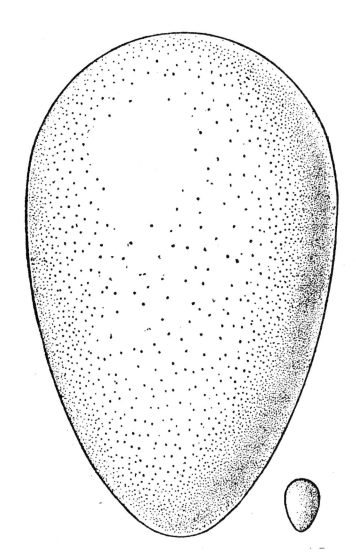

圖 167　紅嘴天鵝蛋和黃頭鳥蛋（真實大小）。這兩顆蛋體積的比是多少？

෬ *11.9* 測量蛋殼的重量

【題】有兩顆蛋，形狀相同，大小各異。要確定兩蛋蛋殼的重量近似值，卻不許把蛋打破。為完成這個任務，必須進行哪些度量、秤重和計算？假設兩顆蛋蛋殼的厚度是相等的。

【解】把每一顆蛋的長度量出，得到 D 和 d。用 x 表示第一顆蛋的殼重，用 y 表示第二顆蛋的殼重。蛋殼的重量是和它的面積成正比的，也就是和它的長度的平方成正比。因此，假設兩顆蛋的蛋殼一樣厚的話，可以寫出比例：

$$x : y = D^2 : d^2$$

再秤一下兩顆蛋的重量，得到 P 和 p。每顆蛋的蛋黃和蛋白的重量，可以看作和它的體積成正比，也就是和它們的長度的立方成正比：

$$(P-x) : (p-y) = D^3 : d^3$$

現在我們有了兩個二元方程式，解這個方程組，得

$$x = \frac{p \times D^3 - P \times d^3}{d^2(D-d)}$$

$$y = \frac{p \times D^3 - P \times d^3}{D^2(D-d)}$$

❀ 11.10　硬幣的大小

俄羅斯的硬幣的重量都是和其面值大小成正比的，也就是說，兩分的硬幣重量是一分的兩倍，三分幣是一分的三倍等。銀幣也是同樣的道理。比如說，二十戈比的銀幣重量就是十戈比銀幣的兩倍。因為同一種類的硬幣通常都擁有同樣的幾何形狀，所以知道一個硬幣的直徑，就可以算出和它同類的其他硬幣的直徑。下面我們來看幾個這樣的例子。

【題】五分幣的直徑是 25 毫米。那麼三分幣的直徑是多少？

【解】三分幣的重量是五分幣重量的 0.6 倍，相應地，其體積也應該是五分幣的 3/5。也就是說，三分幣的長度應該是五分幣的 $\sqrt[3]{0.6}=0.84$ 倍。

由此得出三分幣的直徑應該是 0.84×25=21 毫米（實際上是 22 毫米）。

❀ 11.11　百萬盧布的硬幣

【題】想像一下一個面值為一百萬盧布的銀幣，這枚銀幣有著二十戈比的銀幣的形狀，並有相應大小的重量。這枚銀幣的直徑大約是多少呢？如果將它立放在一輛汽車的旁邊，那它會比這輛汽車高幾倍？

【解】硬幣不會像想像中那麼大。這枚銀幣的直徑只有 3.8 公尺——比一層樓還要高一點點。實際上，如果它的體積是二十戈比的銀幣的 5000000 倍，那其直徑（甚至粗細）就是二十戈比的銀幣的 $\sqrt[3]{5000000}=171$ 倍。

用 22 毫米乘以 171，得到約 3.8 公尺，這個大小對這枚面值一百萬盧布的銀幣來說比我

們期望的小。

　　【題】如果將二十戈比的銀幣大小擴大到 4 層樓那麼高的話，試計算一下其面值應該

是多少（圖 168）？

圖 168　這枚巨大的二十戈比的銀幣面值是多少？

∽ *11.12*　鮮明對比的圖畫

　　讀者從前幾節中已經學會了根據直線尺寸大小來比較幾何形狀相似的物體的體積大小，也就不會再被這類問題所困惑。因此你已經能夠很容易避免類似某些畫報中鮮明對比的圖畫那樣的錯誤了。

　　【題】下面就是這樣的一張圖畫。假設一個人每天平均要吃 400 克的牛肉，那麼一生 60 年中，就要吃掉大約 9 噸的牛肉。一頭牛的體重平均大約 $\frac{1}{2}$ 噸，因此，一個人一生中一共要吃掉 18 頭牛。

　　圖 169 上畫著一個人，和供給他一生肉食的巨大的牛。這張圖正確嗎？正確的比例應該是怎樣？

圖 169　一個人一生中要吃這麼多肉（請指出圖中的錯誤）

【解】這張圖是不正確的。這裡畫的牛，有一般牛的 18 倍那麼高，當然也就有 18 倍的長和 18 倍的粗。因此，從體積來說，等於一般牛的 18×18×18=5832 倍了！像這麼大的一頭牛，如果一個人能夠在一生中吃完的話，那麼他至少要活幾千年才辦得到！

　　圖中這牛的正確大小，應該只有一般牛高、長和粗的 $\sqrt[3]{18}$ 也就是 2.6 倍，這樣畫出來的牛將不致大得像那張圖畫中那麼驚人。

【題】圖 170 是我們翻印的同類圖畫中的另一幅。一個人每天平均要飲用大約 $1\frac{1}{2}$ 公升的各種液體（7～8 杯），在 70 年的生命中，所飲用的液體總數大約是 40000 公升。普通水桶的容積是 12 公升，那麼藝術家必須要畫出一個相當於普通水桶 3300 倍容積的水槽。他就是這樣做了，如圖 170 所示。他畫得對嗎？

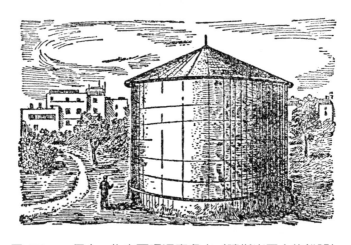

圖 170　一個人一生中要喝這麼多水（請指出圖中的錯誤）

【解】這張圖上的水槽畫得過分誇大了，其實，它的高或寬只該是普通水桶的$\sqrt[3]{3300}$ =14.9 倍，算個整數是 15 倍。假如普通水桶的高和寬各是 30 公分，那為了容納一生中飲用的水量，這個水槽的高和寬只要 4.5 公尺就足夠了。圖 171 是用正確比例尺畫出的一個水桶。

圖 171　糾正了圖 170 中的錯誤

從以上各例可以看出，使用立體的圖形來做統計學上的數字對比是不夠鮮明的，它不能讓人產生一個明確的印象。在這方面，線條式的圖表無疑要適用得多。

☙ *11.13*　我們正常的體重

假如把每個人的身體看作幾何學上完全相似（這只是平均說來是這樣），並設身高 1.75 公尺的男人（中等身材）體重為 65 公斤（這是各民族男人平均體重）。這樣計算出來的結果，

會使許多人感到意外。

　　舉例來說，我們試計算一個比中等身材矮 10 公分的男子，他的體重應該多少才算正常？

　　日常生活中，一般都是這樣計算：要從中等身材男人的體重中減去一部分體重，跟 10 公分在 175 公分中所占的比例一樣，那就是說，要從 65 公斤中減去 65 公斤的 $\frac{10}{175}$，所得的重量——61 公斤——就被認為是答案了。

　　但是這種計算方法是不正確的。

　　正確的計算方法應該從下列比例式算出：

$$65 : x = 1.75^3 : 1.65^3$$

得到　　　　　　　　　　　　$x \approx 54$ 公斤

這樣算出來的結果和一般算出來的相差極大——相差 7 公斤。

　　同樣，對於一個比中等身材高 10 公分的男人，他的正常體重可以從下列比例式求出：

$$65 : x = 1.75^3 : 1.85^3$$

得到　　　　　　　　　　　　$x \approx 77$ 公斤

就是比平均體重要重 12 公斤。這比一般人所想像的要大得多。

　　無疑，這種正確的計算方法，對實際的醫藥工作，例如計算體重以及計算用藥量上，是有相當大的作用的。

❀ 11.14　巨人和侏儒

　　那麼，巨人和侏儒之間，他們體重上的比應該是多少呢？我相信，假如我說巨人的體

重比侏儒大 50 倍的話，一定會有許多人不肯相信。但是正確的幾何計算卻證明了這一點。

世界上知名的幾個巨人，第一個是奧地利的文克爾邁耶，身高 278 公分；第二個是阿爾薩斯的克勞，身高 275 公分；第三個是英國人奧柏利克，身高 268 公分。這幾個人都比普通人高出整整一公尺。相反，身材矮小的侏儒，有只高 75 公分的，比常人低約一公尺。問第二位巨人和侏儒的體積和重量的比是多少？

這個比等於

$$275^3 \div 75^3$$

或

$$11^3 \div 3^3 = 49$$

這就是說，巨人的體重大約等於侏儒的 50 倍！

假如我們相信阿拉伯有一個名叫阿吉柏的侏儒身高只有 38 公分，而最高的巨人身高 320 公分的傳說，那麼這個比就將更加驚人：最高的巨人的身高相當於這位侏儒的 8 倍多，因此體重相當於 512 倍。布豐的說法恐怕比較可靠一些，他說他量過一個侏儒的身高是 43 公分，這個侏儒的體重大約只有方才那位巨人的 $\frac{1}{360}$。

得說明一下，這些關於巨人與侏儒之間體重的關係的估算有些誇大，因為這些估算有一個前提，那就是侏儒與巨人的身體比例是一樣的。如果你見過侏儒的話，就應該知道，矮個子的人看起來和中等身材的人是不一樣的，侏儒的身體的比例、手、頭都和正常人不一樣。巨人也是這樣的道理，秤一下就可以知道，侏儒和巨人的體重的比例關係比我們計算的還少。

❀ *11.15* 格列佛的幾何學

　　《格列佛遊記》的作者極謹慎地避免了幾何學上的錯誤。讀者一定還記得，小人國中的一英尺相當於我們的一英寸，而在大人國中恰好相反，他們的一英寸等於我們的一英尺。換句話說，小人國的所有人、物體和自然產物，都只有我們的 $\frac{1}{12}$，大人國的一切東西，則是我們的 12 倍。這個比值看起來好像非常簡單，但是當解答下列這類問題的時候卻顯然十分複雜。

　　1. 格列佛每餐要比小人國中的人多吃多少東西？體積大幾倍？

　　2. 格列佛做一套制服，要比小人國的人多用多少材料？

　　3. 大人國的一個蘋果有多少重？

　　作者在這些地方大多處理得正確無誤。他正確地計算出了，小人國的人既然只有格列佛的身材的 $\frac{1}{12}$，那麼他們身體的體積就只有格列佛的 $\frac{1}{12} \times \frac{1}{12} \times \frac{1}{12} = \frac{1}{1728}$。因此，要使格列佛吃飽，就必須要有小人國一個人所吃的 1728 倍的食物。關於這一點，我們在《格列佛遊記》中可以讀到下列這段話：

　　三百名廚師為我準備午飯。在我的房子旁邊，建立了許許多多的小舍，那裡進行著烹調工作，並且居住著廚師和他們的家屬。吃飯的時候，我一手取了二十個僕人，放到餐桌上，

另有一百多人在地上侍候：他們之中有些在端飯送菜，另有一些抬著成桶的酒和飲料送來。站在上面的人，隨時使用繩索和吊車把這一切提到桌上來……

作者斯威夫特把格列佛裁製衣服所需用的布料也計算得很正確。格列佛的身體面積是小人國的人的 12×12=144 倍，因此他所需要的布料和裁縫的人數等也是小人國的人的這麼多倍。這一切，作者都透過了格列佛的嘴敘述出來，他說：「大約一共有三百名裁縫（圖172）要給我按照當地的式樣縫製全套衣服」（為了趕快縫製出來，需要多一倍的裁縫）。

斯威夫特幾乎在每一頁上都得去做類似的計算。而一般說來，他這些計算都做得相當正確。如果說詩人普希金在他的長詩《歐根·奧涅金》中認為「時間是根據日曆計算的」，那麼斯威夫特在他的這部《遊記》中的所有尺寸，應該可以說是符合幾何學定律的。只有少數地方沒能按照應有的比例敘述，特別是在描寫大人國的時候，偶爾會發現一些錯誤，例如下面這段。

有一次，一位宮廷人員和我一同到花園裡去散步。當我剛好走在一棵蘋果樹旁的時候，他抓住機會，把我頭上的一根樹枝搖晃了一下。於是，一陣木桶大小的蘋果電子，隆隆地掉了下來，其中一個打中了我的背，把我打得跌倒在地上……

圖 172　小人國的裁縫在為格列佛量衣服尺寸

　　格列佛在這一擊之後，安然無事地爬了起來。但是我們不難算出，這麼大一個蘋果跌落下來打在背上，是應當帶來毀滅性打擊的，因為這個蘋果有普通蘋果 1728 倍的重量，

就是 80 公斤，而且是從 12 倍高的樹上落下，因此這個打擊的能量比普通蘋果落下時的大 20000 倍，這只能拿炮彈和它相比擬……

斯威夫特的最大錯誤是在大人國的人肌肉力量的計算上。我們已經從第一章中知道，巨大動物的肌肉力量並不和牠的尺寸大小成正比。假如我們把第一章的意見應用到大人國的人身上，那麼雖然大人國的人肌肉力量有格列佛的 144 倍，可是他們的體重卻大到 1728 倍。因此，格列佛不僅有力量抬起他的身體，而且還能舉起大約相當他體重的重物，但大人國的人卻躺在一個地方，毫無能力進行任何活動。至於斯威夫特竟把他們的強大肌肉力量描寫得神氣活現，這一點只能說明他的計算並不正確[2]。

❀ 11.16　雲和塵埃為什麼會浮在空氣中？

「這是因為它們比空氣更輕」，這就是許多人認為無可爭辯的一般回答。好像沒有理由可以懷疑，但是這個回答看似簡單動聽，卻是完全錯誤的。塵埃不僅不比空氣輕，而且還要比它重上百倍甚至上千倍。

什麼叫做「塵埃」呢？這是各種各樣沉重物體的碎屑，例如石塊或玻璃的碎屑，煤塊、木材、金屬等的微粒，以及織物的纖維等。難道這些能夠算是比空氣輕的東西嗎？你只要查一查比重表就能證明，這些東西大多比水重許多倍，比水輕的至少也有水的比重的一半或三分之一，而水比起空氣卻要重 800 倍之多！從這點可以知道，塵埃是比空氣重幾百甚至上千倍的，也可以看出一般對於塵埃浮在天空的原因看法是沒有經過考慮了。

2　詳見本書作者的另一部著作《趣味力學》。

　　那麼，真正的原因究竟是什麼呢？首先我們應該指出，一般人認爲塵埃浮在天空，這一點是不正確的。浮在空氣中（或液體上）的，只是那些重量不超過同體積空氣（或液體）重量的物體。既然塵埃超過這個重量許多倍，是不可能在空氣中浮著的。它們並不是在浮著，而是在飄著，就是說，在空氣的阻力下緩緩地下降著。這些下降的塵埃必須在空氣分子之間爲自己安排一條道路，所以必須把一部分空氣分子排除到一旁或吸引它們隨同自己下降。這兩件事都得消耗一些降落中的能量，落下物體的面積（說得更準確些是落下物體的截面面積）和重量的比越大，消耗的能量也越多。當一個巨大而沉重的物體落下的時候，我們並不會察覺到空氣阻力的作用，這是因爲它的重量遠遠超出阻力作用的緣故。

　　再來看一看，如果物體的體積減小，又會發生什麼事？在這方面幾何學可以給我們幫助。不難知道，隨著物體的體積減小，它的重量比它的截面積減少得更多，因爲重量的減少和直線尺寸減小的三次方成正比，阻力的減小則是和面積也就是直線尺寸的平方成正比。

　　至於這些事情對我們這裡的問題有什麼作用，從下面這個例子就可以明白。取一顆直徑 10 公分的小球和另一顆用同樣材料製成的直徑 1 毫米的小球，這兩顆球直線尺寸的比是 100：1，因爲 10 公分是 1 毫米的 100 倍。小球在重量上只有大球的 $\frac{1}{100^3}$，就是 100 萬分之一；這顆球在空氣中落下時所遭遇的空氣阻力卻有大球的 $\frac{1}{100^2}$，就是萬分之一。因此很明顯地，小球當然降落得較大球緩慢。簡單來說，塵埃能夠逗留在空氣中，只是因爲它微小而飄著，並不是因爲它比空氣輕。直徑 0.001 毫米的水滴在空氣中以每秒 0.1 毫米等速落下，只要有小到不容易感覺的空氣流，就可以妨礙這種緩慢的降落。

　　這就是爲什麼在人走動多的房間裡灰塵落得比無人居住的房間少，白天又落得比晚間

少，儘管和一般的想法恰恰相反。塵埃的降落會被空氣中產生的旋渦氣流所阻礙，而這種氣流，在無人走動的安靜空氣中是幾乎不存在的。

假如把一塊邊長 1 公分的立方體石頭敲碎，使其成為許多邊長 0.1 毫米的塵埃，那麼相同質量的石頭的總截面積將增加到 10000 倍，因而它降落時的空氣阻力也會增加到同樣倍數。一般塵埃時常是這麼小的，因此，很明顯地，大大增加的空氣阻力當然會使把降落的景像整個改變了。

雲之所以「浮」在天上，也是同一原因。以前的一個說法認為雲是由許多飽含著水蒸氣的水泡所形成的，這一個見解早已被推翻了。雲其實是無數極小而密集的水滴的聚集，這些水滴雖然比空氣重 800 倍，仍幾乎不會降落，只用極難察覺的速度向下沉落。它們極其緩慢落下的原因和塵埃一樣，是面積比重量大了許多的緣故。

因此，一陣最輕微的空氣流，就可能不僅停止了雲極緩慢的降落，使它停留在一定的水平面上，甚至還會使它向上移動。

這一現象的最主要原因是由於有空氣存在，在真空中，塵埃和雲（假使可能存在的話）就會和沉重的石塊一樣急速地落下。

我再補充一句，用降落傘下降的人，他緩慢的下降（速度大約每秒 5 公尺）也是屬於同一個現象。

第12章

幾何學中的經濟學

☞ *12.1* 巴霍姆怎樣買地？

讀者一定會覺得這一章的題目很奇怪，但不久你就可以明白爲什麼我們要選它來當題目。現在，讓我們用托爾斯泰的〈一個人需要很多的地嗎？〉這篇故事的片段作爲開端。

「那麼，多少價錢呢？」巴霍姆問。

「我們的價錢是統一的：每天 1000 盧布。」

巴霍姆沒有聽懂。

「每天？這是什麼樣的一個度量單位呀？一天等於多少俄頃[1]？」

「我們是不會計算這些的，」那人說，「我們只論天出賣，你一天之內能走多少地方，那些地方就是你的了，價錢呢，就是 1000 盧布。」

巴霍姆覺得奇怪極了。

「可是，」巴霍姆說，「一天之內是可以走出很大一塊地面來的呀！」

那個酋長笑了。

「那就全是你的，」他說，「只有一項條件：若是你在白天來不及回到你出發的地點，你的錢就算白花了。」

「那麼，」巴霍姆說，「我怎麼標明我所走過的地方呢？」

「我們站在你的出發地，就在那裡站著，你呢，帶著一把耙去繞你的圈子，什麼地方用得著，你就掘一個小坑，放些草根在裡面，然後我們拿把犁，順著你的一個個坑刨出界線來。

1　1 俄頃 =1.09254 公頃。

隨你喜歡走多大一個圈子，只要在太陽下山以前，回到你出發的地方，那麼，你所走過的地方就都算是你的了。」

這幾個巴什基爾人分手了。大家講好明天天沒亮就在這裡集合，等太陽一出來就可以出發。

他們到達草原的時候，還只是曙光微露。酋長走到巴霍姆面前，用手比劃著：

「哪，」他說，「這片你能看得到的地都是咱們的。隨你挑選吧。」

他把狐皮帽子脫了下來，放到地上。

「哪，」他說，「這就算是咱們的記號。你從這裡走出去，還得走回這裡來。能走多少，就歸你多少。」

太陽才剛從地平線上稍一露面，巴霍姆就揹起了耙向草原大踏步走去。

走了大約一俄里[2]，他停了下來，掘了一個小坑，便又繼續走去。又走了一段後，挖了第二個坑。

一共走出 5 俄里了。巴霍姆望了望太陽——已經是吃早飯的時候了。「一站走完了」，巴霍姆想道。「一天之內可以走四站，不忙著拐彎。讓我再走 5 俄里，然後向左邊拐去。」他又筆直地向前走去。「好了，」他想，「這一邊走得不少了，應該拐彎了。」他停了下來，挖了一個大些的坑，就向左邊轉去。

在這一邊上也走了許多路，然後再拐了第二個彎。巴霍姆掉頭向那土丘望去，由於天氣太熱，霧氣瀰漫起來，朦朧中隱約望到土丘上的人們。「嗯，」他想，「前兩個邊走得太多了，這一邊得少走些了。」他走上了第三個邊。望了望太陽——已經將近中午，第三個邊一

2　1 俄里 =1.0668 公里。

共只走出了 2 俄里。距離原來的地方還有 15 俄里。「不，」他想，「雖然地塊不方正，還是照直線走去吧。」

巴霍姆趕快挖了個坑，轉向土丘一直走去。

巴霍姆向土丘一直走著，已經是疲憊不堪了。他很想歇一會兒，但是不行——那就會來不及在太陽下山之前趕到原來的地方，而太陽已經離地平線不遠了。

巴霍姆就這樣走著，他已經很覺吃力了，卻還得逐漸把腳步加快。走呀，走呀——仍然遠得很；他大步跑了起來……巴霍姆跑著，襯衣和襯褲已經被汗水濕透貼到身體上了，嘴裡乾得冒出火來。胸膛裡彷彿有一個鐵匠用的風箱在抽著，心像鐵錘般在怦怦亂敲。

巴霍姆用最後的力量跑著，太陽已經要下山了。眼看著它就要溜到地平線下了（圖173）。

太陽離地平線已經那麼近了，幸虧目的地也已經不太遠。他已經望見地上的狐皮帽子和坐在地上的酋長。

巴霍姆再望了望太陽：它已經走到地平線上，而且有一部分已經隱到地平線下了。巴霍姆用盡最後的力量，拼命向土丘跑去。抬頭一望，前面就是狐皮帽子了。他兩腿一軟，向前撲倒，兩手剛好摳到了狐皮帽子。

「嘿，好小夥子！」酋長叫道，「這一下你可以有許多土地了。」

一個工作人員跑了過來，想把他扶起，但是他的嘴裡流出血來，已經死在那裡了……

圖 173　巴霍姆用最後的力量跑著，太陽已經要下山了

【托爾斯泰的題目】我們不必為這故事的悲慘結果傷感，可以從幾何學方面來做一個研究。根據這故事中的說法，我們能不能夠算出巴霍姆一共走了大約多少土地呢？這個題

目，乍看似乎不可能解答，可是計算起來卻非常簡單。

【解】我們把這故事仔細地重讀一遍，把故事中的一切幾何資料摘錄下來，就不難看出，所得到的資料完全足夠來算出這個問題的答案，我們甚至可以畫出巴霍姆所走過土地的平面圖來。

首先，從這故事中我們只知道巴霍姆是按四角形的四個邊跑的，關於第一個邊我們可以讀到這樣的句子。

「一共走出 5 俄里了……讓我再走 5 俄里，然後向左邊拐去……」

於是，四角形的第一個邊共長大約 10 俄里。

第二個邊是和第一個邊成直角的，但是故事中沒有說出它的里數來。

第三個邊呢，應該也是和第二個邊垂直的，故事中明白地說出「第三個邊一共只走出了 2 俄里。」

第四個邊的長度，故事中也直接指出了「距離原來的地方還有 15 俄里[3]。」

根據這些資料，我們就可以繪出巴霍姆所走土地的平面圖（圖 174）。在繪出的四角形 $ABCD$ 中，$\overline{AB}$=10 俄里，$\overline{CD}$=2 俄里，$\overline{AD}$=15 俄里；此外，B、C 兩角都是直角。未知的 $\overline{BC}$ 邊的長度 x 是不難算出的，只要從 D 點向 $\overline{AB}$ 作一垂線 $\overline{DE}$（圖 175）。那時，直角三角形 $\triangle AED$ 中，我們已知直角邊 $\overline{AE}$=8 俄里，弦 $\overline{AD}$=15 俄里，因此未知的直角邊 $\overline{ED}=\sqrt{15^2-8^2}\approx 13$ 俄里。

於是，第二個邊的長度我們已經求了出來，大約等於 13 俄里。看來，巴霍姆認為第二邊比第一邊短這一點，一定是他看錯了。

3　這裡有一點原書寫得不夠明白，就是巴霍姆怎樣能夠從那麼遠處辨認出土丘上的人。

你看，現在我們已經可以把巴霍姆所走過的土地平面圖相當準確地畫出來了！

我想托爾斯泰在寫這個故事的時候，面前一定擺著一張和圖 174 相似的圖。

現在可以很容易把由矩形 EBCD 和直角三角形△ AED 組合而成的梯形 ABCD 的面積計算出來（圖 175）。它等於

$$2 \times 13 + \frac{1}{2} \times 8 \times 13 = 78 平方俄里$$

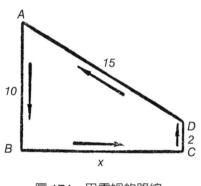

圖 174　巴霍姆的路線

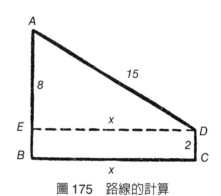

圖 175　路線的計算

假如我們使用求梯形面積的公式來計算的話，所得結果當然也是一樣：

$$\frac{\overline{AB} + \overline{CD}}{2} \times \overline{BC} = \frac{10+2}{2} \times 13 = 78 平方俄里$$

現在我們知道，巴霍姆一共走出 78 平方俄里，大約 8000 俄頃 [4] 那麼廣闊的一片土地。

平均每俄頃地他只花了 $12\frac{1}{2}$ 戈比。

4　1 平方俄里等於 $104\frac{1}{6}$ 俄頃。

⊗ *12.2* 是梯形還是矩形？

【題】巴霍姆在他奔跑致死的那天，一共走了 10+13+2+15=40 俄里，走出了一個梯形來。他最初的打算是走出一個矩形，走成梯形完全是因為他沒有計算好。他走出來的不是矩形而是梯形，對他究竟有利還是不利呢？這個問題倒很有趣。究竟要走成什麼形狀，他才能得到更多的土地？

【解】周長 40 俄里的矩形可以有許多種，每一種的面積彼此各不相同。

下面是一些例子：

$$14 \times 6 = 84 \text{平方俄里}$$
$$13 \times 7 = 91 \text{平方俄里}$$
$$12 \times 8 = 96 \text{平方俄里}$$
$$11 \times 9 = 99 \text{平方俄里}$$

這裡我們可以看到，上列各個周長同樣是 40 俄里的矩形面積，都比我們的梯形面積大；但是，也有周長 40 俄里而面積比梯形小的矩形：

$$18 \times 2 = 36 \text{平方俄里}$$
$$19 \times 1 = 19 \text{平方俄里}$$
$$19\frac{1}{2} \times \frac{1}{2} = 9\frac{3}{4} \text{平方俄里}$$

因此，對於我們的第一個問題，不可能提出肯定的答案。在周長相等的情形下，有些矩形的面積比梯形大，卻也有比梯形小的。但是，對於以下這樣的問題，我們卻可以提出完全肯定的答案：在所有周長相等的矩形中，哪一個的面積最大？

　　把我們上面算出來的各個矩形做一個比較，可以發現，兩個邊長相差越小，這個矩形的面積越大。這樣我們可以很自然地做出一個結論，當兩邊長的差等於零的時候，也就是矩形變成正方形，圖形的面積達到最大值。這時，它將等於 $10 \times 10 = 100$ 平方俄里。很容易看出，這個正方形確實比任何其他周長相等的矩形的面積大。因此，巴霍姆要是想走出最大的面積，應該沿著正方形的四個邊走去，那時他所走出的面積將比實際走出的多出 22 平方俄里。

♋ *12.3*　正方形的奇妙特性

　　正方形的這一奇妙特性 —— 它的面積是周長相等的各種矩形中最大的 —— 許多人還不知道。因此，我們願意在這裡寫出它最嚴格的證明來。

　　我們用 P 表示一個矩形的周長。假如這個矩形是一個正方形，那麼它的每邊長將等於 $\dfrac{P}{4}$。現在我們要證明，假如把其中一個邊長縮短一個 b 值，同時把另一邊也加長一個 b 值，得到的矩形周長不變，可是面積會比正方形小些。換句話說，就是要證明正方形的面積 $(\dfrac{P}{4})^2$ 比矩形的面積 $(\dfrac{P}{4}-b)(\dfrac{P}{4}+b)$ 大：

$$(\frac{P}{4})^2 > (\frac{P}{4}-b)(\frac{P}{4}+b)$$

由於這個不等式的右邊等於 $(\dfrac{P}{4})^2-b^2$，那全式可以化成

$$0 > -b^2 \quad 或 \quad b^2 > 0$$

　　這個不等式的成立是不成問題的，因為任何數不論是正的還是負的，平方都大於 0。因此，產生這個不等式的原來的那個不等式自然也是正確的了。

　　一句話總結：在周長相等的各種矩形中，正方形的面積最大。

　　順便說一下，根據上面這一點可以確定，所有同面積的各種矩形中，正方形的周長最短。關於這一點，可以由下面的討論來證明：

　　假設正方形周長最短的說法不正確，而且，假設有某一個矩形 A，它的面積和正方形 B 相同，而周長比 B 的短。這時，假如用和矩形 A 相同的周長作一個正方形 C 的話，這個新正方形 C 應該有比矩形 A 更大的面積，因此也有比正方形 B 更大的面積。那麼會產生怎樣的情形呢？正方形 C 的周長比正方形 B 短，面積卻比正方形 B 大。這顯然是不可能的，由於正方形 C 的邊長比正方形 B 的邊短，那麼它的面積自然也比較小。因此，和正方形有同面積而周長卻比較小的矩形 A 是不可能有的。換句話說，在所有同面積的矩形中，周長最小的是正方形。

　　假如巴霍姆知道正方形的這兩個特性，將能正確地估計自己的力量，取得最大面積的矩形。如果他知道自己在一個白天裡可以不吃力地跑出比方說 36 俄里，那麼他就可以按照 9 俄里的邊長跑出一個正方形來，而在日落之前就有了 81 平方俄里的土地 —— 這要比他奔跑過度而致死所達到的成績還要多 3 平方俄里。

　　反過來說，假如他只打算取得一塊某特定大小比方說 36 平方俄里的土地，那麼他可以使用很少的勞力來達到目的，只要走出每邊 6 俄里的正方形就可以了。

∞ *12.4* 其他形狀的地塊

但是，巴霍姆是不是可以不走出矩形而是走出別的形狀 —— 三角形、四邊形或五邊形等，達到取得更多土地的目的呢？

這個問題可以進行嚴格的數學討論，但是怕引起讀者們的厭倦，我們不準備進行這種討論，只打算介紹一下這種討論的結果。

首先，我們可以證明，所有有相等周長的四邊形中，具有最大面積的是正方形。因此，如果想取得一塊四邊形土地，巴霍姆是根本不可能取得比 100 平方俄里還多的土地的（假設他一個白天最多只能跑 40 俄里的話）。

其次，我們可以證明正方形有比任何相等周長的三角形更大的面積。有相等周長的等邊三角形，每邊長是 $\frac{40}{3}$ =13$\frac{1}{3}$ 俄里，它的面積（根據公式 $S=\frac{a^2\sqrt{3}}{4}$，式中 S 是面積，a 是邊長）等於：

$$\frac{1}{4}\left(\frac{40}{3}\right)^2\sqrt{3} =77平方俄里$$

這個面積甚至比巴霍姆所走出的那梯形面積還小。

我們還要證明，所有有相等周長的三角形中，等邊三角形面積最大。因此，假使這個最大三角形的面積還比正方形小，那麼其他周長相等的三角形就必定比正方形小。

但是，如果我們把正方形拿來和周長相等的五邊形、六邊形等比較，那時正方形的優越地位就不會繼續存在了。正五邊形的面積比正方形大，而正六邊形更大，依此類推。關於這一點，可以從正六邊形的例子來說明。當周長是 40 俄里，正六邊形的邊長是 $\frac{40}{6}$ 俄里，

它的面積（根據公式 $S=\dfrac{3a^2\sqrt{3}}{2}$）等於：

$$\frac{3}{2}(\frac{40}{6})^2\sqrt{3}=115\text{平方俄里}$$

因此，假如巴霍姆選取了正六邊形的路線，那麼，在付出同樣的勞力之後，他可擁有比他所實得的多 115－78=37 平方俄里的土地，或者比他跑出正方形的時候多 15 平方俄里的土地。當然，如果要這樣做的話，他還必須隨身攜帶一具測量角度的儀器。

【題】請你用六根火柴擺出最大面積的圖形。

【解】六根火柴可以擺出相當多種圖形來，正三角形、矩形、許多平行四邊形、一系列不等邊五邊形、一系列不等邊六邊形，以及最後的正六邊形。但是，對於一個「幾何學家」不用逐一比較這些圖形的面積，預先就能知道正六邊形可以有最大的面積。

○ *12.5* 面積最大的圖形

我們可以嚴格地用幾何學的方法證明，一個正多邊形地塊，在周長相等的條件下，邊數越多，所包的面積也就越大，至於一定周長下具有最大面積的是圓形。假如巴霍姆按照圓周跑去的話，那麼當他跑出 40 俄里後，將可得到的土地是 $\pi(\dfrac{40}{2\pi})^2=127$ 平方俄里。

除圓之外，沒有任何一種圖形（無論直線圖形或曲線圖形）可以在周長相等的條件下具有更大的面積了。

讓我們花一點時間來談談圓形在周長相等的各種圖形中具有最大面積的這個奇妙特性，也許有些讀者願意知道這是用什麼方法來證明的。

　　下面我們就把它的證明寫出，雖然這個證明不是完全嚴格的。

　　這證明很長，不過，對它感到頭痛的人可以把它跳過去，這並不影響後面的閱讀。

　　我們要證明的是，在一定周長的情形下，有最大面積的圖形是圓形。首先，我們要確定這個最大面積的圖形應該是凸邊的，也就是說，它所有的弦，應該完全位在這個圖形的內部。假設我們有一個圖形 AA'BC（圖 176），它有一條弦 $\overline{AB}$ 在形外。把 A' 弧改用相對稱的 B' 弧代替，這時圖形 AB'BC 的周長仍和 AA'BC 一樣，但是它的面積卻明顯增加。因此，像 AA'BC 這類的圖形，絕不可能成為在相等周長情形下有最大面積的圖形。

　　於是，具有最大面積的圖形必是凸邊的。下面我們還可以先來確定這個圖形的另一個特性：凡是把這樣一個圖形的周長分作二等分的弦，必然把這個圖形的面積也分成二等分。假設 AMBN（圖 177）是所要找的最大面積的圖形，並假設弦 $\overline{MN}$ 恰好把它的周長分成二等分，讓我們來證明 AMN 和 MBN 兩個面積相等。假如這兩半邊有某一個的面積比另一個大，例如 AMN > MBN，那麼把 AMN 沿 $\overline{MN}$ 線折過去，依著 MAN 作 MA'N，得到一個圖形 AMA'N，它的面積應該比原來圖形 AMBN 大而周長相等。這就是說，把周長分成二等分的弦卻沒有把面積分成二等分的這個圖形 AMBN，一定不是我們所尋求的圖形，也就是不是在給定周長情形下面積最大的圖形。

　　在繼續講下去之前，還得證明下面一個補充的定理：所有已知兩個邊長的三角形，面積最大的將是這兩個已知邊的夾角等於直角的三角形。

　　為了證明這點，把已知兩邊 a 和 b 以及這兩邊夾角為 ∠C 的三角形求面積 S 的公式寫出：

$$S = \frac{1}{2}ab\sin C$$

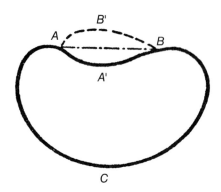

圖176　周長相等而具有最大面積的圖形必是凸邊的

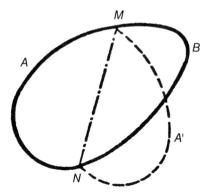

圖177　一條弦把一個具有最大面積的凸邊圖形的周長分成二等分

這個式中的的 S，在已知兩個邊長的情形下，顯然是當 $\sin C$ 有最大值，也就是等於 1 的時候，它的值會最大，而正弦（sin）等於 1 的角是直角，這就是我們所要證明的。

現在，可以開始證明我們的主要問題——所有周長相等的圖形中，面積最大的是圓形。為了證明這一點，我們假設有一個非圓形的凸邊圖形 $MANBM$（圖 178），可以在周長相等情形下，有最大的面積。

在這個非圓形的圖形上，作出把周長分成二等分的弦 $\overline{MN}$，我們已知這樣的弦同時會把圖形的面積也分成二等分。現在，把這圖形的一半 MKN 沿 $\overline{MN}$ 折起，折到和原來的位置對稱（$MK'N$）。這裡所得的 $MNK'M$ 圖形應該仍和原有圖形 $MKNM$ 有相同的周長和面積。因為 MKN 弧不是一個半圓周（否則就不需要來證明了），這樣，在這條弧上一定有一些點，和 M、N 的連線不成直角。設 K 就是這樣的一點，K' 是和它對稱的另一點，就是 $\angle K$ 和 $\angle K'$ 都不是直角。現在保持 $\overline{MK}$、$\overline{KN}$、$\overline{MK'}$、$\overline{NK'}$ 的長不變，把它們的位置移動，使 $\angle K$、

∠ K' 成為直角，並得到全等的直角三角形。把這兩個直角三角形弦對弦地拼合起來，如圖 179 所示，並把原來 $\overline{MK}$、$\overline{KN}$、$\overline{NK'}$、$\overline{MK'}$ 外面塗陰影線的部分接到 $\overline{M'K}$、$\overline{KN'}$、$\overline{N'K'}$、$\overline{K'M'}$ 的外面，於是得到圖形 M'KN'K'M'。這圖形的周長仍和原來的圖形相等，但是面積顯然比較大，因為直角三角形△ M'KN' 和△ M'K'N' 的面積比非直角三角形△ MKN 和△ MK'N 大）。可見，任何有相等周長的非圓形的圖形，不可能有最大的面積。只有對圓形，我們才不可能使用上法在周長相等的條件下作出具有比它更大面積的圖形。

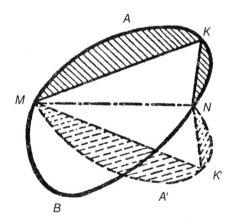

圖 178　這是一個非圓形的凸圖形，假設它有著最大的面積

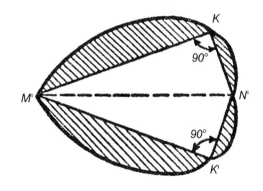

圖 179　這裡要證明，在周長相等的情形下，最大面積的圖形還是圓形

　　從這些討論可以證明，在周長相等的情形下，圓形在各種圖形中有最大面積。

　　至於在面積相等的各種圖形中，具有最短周長的是圓形也很容易證明。這只要採用類似我們用在正方形的討論方式就可以了。

∽ *12.6* 釘子

【題】有三枚釘子，它們第一枚的截面是三角形的，第二枚是圓的，第三枚是正方形的；三枚釘子的截面積彼此相等，而且都釘入了相同的深度，試問最難拔出來的應該是哪一枚？

【解】我們知道，釘子和它四周材料的接觸面積越大，就越牢固。那麼，這三枚釘子中，究竟哪一枚的側面積最大呢？

我們已經知道，在面積相等的情況下，正方形的周長比三角形的短，而圓形的周長又比正方形的短，假如把正方形的一邊長作為 1，那麼這三枚釘子截面的周長應該等於

三角形釘──4.53

正方形釘──4.00

圓 形 釘──3.55

因此，最牢固的是三角形釘子。

不過，這種釘子一般是不會製造的，至少在市上很難買到，原因恐怕是這種釘子比較容易被彎曲和折斷。

∽ *12.7* 體積最大的物體

前面談的是圓形，現在我要告訴你，球形也有和圓形相似的特性：在各種形體中，在相同的表面積下，球形有最大的體積。反過來說，在同體積的所有物體中，球形有最小的表面積。這兩個特性在實際生活上是有重要意義的。例如球形的炊壺（餐廳用來燒茶水的精巧水壺）比圓柱形或其他可以容納同樣水量的炊壺有更小的表面積，而既然熱量只能從

表面積上散失，因此球形炊壺就比任何同容量的其他形狀的炊壺冷卻得慢。相反地，溫度計裡盛水銀的球，假如它的形狀不是球形而是圓柱形，受熱和冷卻（也就是達到和外界溫度相等）就會比較快。

根據同樣的道理，由一層硬殼和核心組成的地球，也將會因受到各種改變它的表面形狀的作用減少它的體積，就是緊縮得更密：每當它的外部形狀受到某種變化因而和球形有了偏差，它的內部一切就必然隨著縮緊。這個幾何學上的事實，可能和地震的發生或地殼變動的一切現象有關，但是這一點得請地質學家來判斷。

⃝ 12.8　定和乘數的乘積

方才我們所研究的題目，都好像是從經濟學的觀點出發的：在支出一定的力量之後（例如跑了 40 俄里路程），怎樣能獲得最有利的結果（例如取得最大的土地）？正是因為這個緣故，我們這一章也才有了「幾何學中的經濟學」的名字。但這畢竟只是通俗讀物裡隨便說說而已，在數學裡，這類問題的研究有它自己的名字，叫做「極大和極小問題」。這類問題無論在題目上還是在困難的程度上，都是多種多樣的。有許多只能應用高等數學來解，但是也有不少只用普通的數學就可以得到解答。接下來打算討論幾個幾何學範圍裡的題目，這些題目我們準備利用「定和乘數的乘積」這一個有趣特性來解答。

對於兩個和數一定的乘數及乘積的性質是我們已經知道的了。我們知道，正方形的面積比其他周長相等的矩形大。假如把這個幾何學上的命題改成算術的說法，那就成為：當我們想把一個數分成兩部分，使這兩部分的乘積最大，那麼就必須把這個數對分。舉例來說，

下列各數的乘積

10×20、11×19、12×18、13×17、14×16、15×15，它們兩個乘數的和都等於 30，而最大的乘積是 15×15，即使你拿乘數是小數的數來比較（14.5×15.5 等），結果也是一樣。

對於和數一定的三個乘數的乘積，這個特性仍然適用：和數一定的三個乘數的乘積，當三個乘數相等的時候最大。這一點是由前一點直接推出來的。設三個乘數 x、y、z 的和數是 a：

$$x+y+z=a$$

假設x和y互不相等，我們把它們各用和數的一半 $\frac{x+y}{2}$ 代替，三個乘數的和數並不改變：

$$\frac{x+y}{2}+\frac{x+y}{2}+z=x+y+z=a$$

而照前面所說，

$$(\frac{x+y}{2})(\frac{x+y}{2}) > xy$$

因此，三個乘數的乘積：

$$(\frac{x+y}{2})(\frac{x+y}{2})z$$

將大於 x、y、z 的乘積：

$$(\frac{x+y}{2})(\frac{x+y}{2})z>xyz$$

總之，x、y、z 三個乘數中只要有兩個不相等，那麼就一定可以選出不改變乘數總和而得出比 xyz 更大乘積的數；只有當三個乘數彼此相等，這樣的情形才不可能。因此，如果 $x+y+z=a$，那麼 xyz 乘積的最大值是在

$$x=y=z$$

的時候。

下面我們要運用定和乘數的這個特性，來解答幾個有趣的題目。

⚛ *12.9* 　面積最大的三角形

【題】把三角形作成什麼形狀，當它的各個邊長總和一定的時候，會有最大的面積？

我們前面已經說過，具有這種特性的三角形是等邊三角形，但是怎麼證明這一點呢？

【解】已知三邊 a、b、c 以及周長 $a+b+c=2p$，要求出三角形的面積 S，我們從幾何課本裡已經知道有下面這個公式：

$$S=\sqrt{p(p-a)(p-b)(p-c)}$$

從這裡得到

$$\frac{S^2}{p}=(p-a)(p-b)(p-c)$$

當三角形面積 S 的平方 S^2 或表達式 $\dfrac{S^2}{p}$ 得到最大值的時候，S 的值也最大。式中 p 是半周長，根據本題題意是一個不變的定值。但是，因爲這個等式的兩端是同時得到最大值的，所以問題便變成，在什麼條件下，乘積

$$(p-a)(p-b)(p-c)$$

達到最大值？

現在，因爲這三個乘數的和是一個定值，

$$p-a+p-b+p-c=3p-(a+b+c)=3p-2p=p$$

所以我們可以說，在各個乘數相等的時候，也就是

$$p-a=p-b=p-c$$

的時候，這三個乘數的乘積達到最大值。

從上式可以得到

$$a=b=c$$

所以，周長一定的三角形，當它們的三邊相等的時候面積最大。

ಚ *12.10* 最重的方木樑

【題】我們需要把一段圓木鋸出一條最重的方木樑來，該怎麼做呢？

【解】這個題目當然要歸類到怎樣在一個圓中畫出最大面積的矩形這一問題上。讀者雖然在讀完前面各節後已經猜到這個矩形應該是一個正方形，但是嚴密地把這命題證明一下，還是很有趣味的。

用 x 表示所求的矩形的一個邊長（圖 180），那麼，這矩形的另一個邊長就可以由 $\sqrt{4R^2-x^2}$ 來表示，式中 R 是這段圓木的半徑。這個矩形的面積因此就是

$$S=x\sqrt{4R^2-x^2}$$

得到

$$S^2=x^2(4R^2-x^2)$$

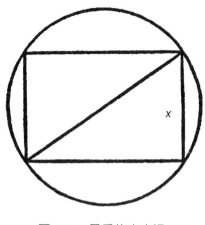

圖 180　最重的方木梁

　　由於這兩個乘數 x^2、$4R^2-x^2$ 的和是一個定值的數 $4R^2$（$x^2+4R^2-x^2=4R^2$），因此它們的乘積 S^2 將在 $x^2=4R^2-x^2$ 也就是 $x=R\sqrt{2}$ 的時候最大，那時所求的矩形的面積 S 的值，也將達到最大值。

　　這樣，最大面積矩形的邊長等於 $R\sqrt{2}$，就是等於內接正方形的邊長。

　　這段木料，假如把它的截面取成正方形，做成的方木梁將有最大的體積，同時也是最重的。

♋ 12.11　硬紙三角形

　　【題】有一塊三角形的硬紙，要用它切出一個面積最大的矩形來，但是必須使這矩形的邊跟三角形的底和高相平行。

【解】設 *ABC* 是這個三角形（圖 181），而 *MNOP* 是準備切出來的矩形。從△ *ABC* 和 △ *MBN* 兩個三角形的相似，可得

$$\frac{\overline{BD}}{\overline{BE}}=\frac{\overline{AC}}{\overline{MN}}$$

得到

$$\overline{MN}=\frac{\overline{BE}\times\overline{AC}}{\overline{BD}}$$

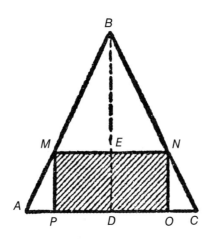

圖 181　在三角形中作一最大面積的內接矩形

用 *y* 表示所求矩形的一個邊長 $\overline{MN}$，用 *x* 表示由三角形頂點 *B* 到 $\overline{MN}$ 線的距離 $\overline{BE}$，用 *a* 表示三角形底邊長 $\overline{AC}$，用 *h* 表示三角形的高 $\overline{BD}$，那上式可以改寫成：

$$y=\frac{ax}{h}$$

所求矩形 *MNOP* 的面積 *S* 為：

$$S=\overline{MN}\times\overline{NO}=\overline{MN}\times(\overline{BD}-\overline{BE})$$

$$=(h-x)y=(h-x)\frac{ax}{h}$$

因此
$$\frac{Sh}{a}=(h-x)x$$

因為 h 和 a 都是已知的定值，面積 S 將在 $\frac{Sh}{a}$ 也就是 (h-x) 和 x 的乘積達到最大值的時候最大。而 h-x+x=h 這個和數是一個定值，因此這個乘積將在

$$h-x=x$$

的時候最大，因此
$$x=\frac{h}{2}$$

這樣，我們知道所求矩形的 $\overline{MN}$ 邊應該通過三角形高的中點，也就是連接著三角形兩邊的中點。因此，這個矩形的一邊等於 $\frac{a}{2}$，另一邊等於 $\frac{h}{2}$。

∽ 12.12　白鐵匠的難題

【題】一位白鐵匠接到一件訂單，要用一片 60 公分見方的白鐵皮做出一個沒有盒蓋的盒子，盒子要有正方形的盒底，並且必須有最大的容量。這位白鐵匠拿著尺量來量去，思考著究竟要把每邊折進多寬呢？（圖 182）他想了好久，得不到答案。讀者可以幫助他解答這個難題嗎？

【解】假設各邊應該折進 x 公分（圖 183），正方形盒底的一邊將等於 (60 − 2x) 公分，盒子的容積 v 可以用下式表示：

$$v=(60-2x)(60-2x)x$$

圖 182　白鐵匠的難題

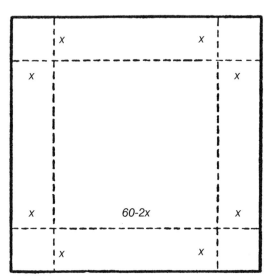

圖 183　白鐵匠難題的解答

　　這個乘積當 x 是什麼數的時候能得到最大值呢？假如三個乘數的和是一個定值，那麼，這個乘積自然在三個乘數相等的時候最大。但是這裡三個乘積的和

$$60-2x+60-2x+x=120-3x$$

並不是一個定值，因為要隨 x 的變化而變化。然而我們也不難使三個乘積有一定的值，

只要把原式等號兩端各乘以 4。這就得到：

$$4v=(60-2x)(60-2x)4x$$

這些乘數的和等於

$$60-2x+60-2x+4x=120$$

這是一個定值。因此，這三個乘數的乘積，將在三個乘數彼此相等的時候達到最大值，就是得到

$$60-2x=4x$$

$$x=10$$

那時候 $4v$，當然 v 也同樣將達到它的最大值。

這樣，那位白鐵匠只要把白鐵皮的每一邊折進 10 公分，就可以得到最大容量的盒子。這個最大容量是 $40 \times 40 \times 10=16000$ 立方公分。假如白鐵匠把每一邊的白鐵皮多折或少折 1 公分，盒子的容量就都將減少。計算

$$9 \times 42 \times 42=15876 立方公分$$

$$11 \times 38 \times 38=15884 立方公分$$

不論哪一種情形都比 16000 立方公分少 [5]。

5　這一類題目的一般解答是這樣的：用邊長是 a 的正方形白鐵皮，要做最大容量的正方形盒子，必須把各邊折進 $x=\dfrac{1}{6}a$，因為 $(a-2x)(a-2x)x$ 或 $(a-2x)(a-2x)4x$ 的乘積是當 $a-2x=4x$ 的時候最大。

☙ 12.13　車工的難題

【題】一位車工，接到一個圓錐形的材料，要車出一個圓柱，條件是必須去掉最少的材料（圖 184）。這位車工開始思考：車出一個細長的圓柱（圖 185）好呢，還是車出粗短些的（圖 186）比較好呢？他想了許久無法決定，究竟車成什麼樣的圓柱得到的體積最大，也就是去掉的材料最少。他應該怎麼做呢？

圖 184　車工的難題

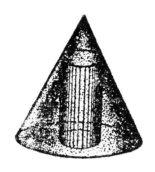

圖 185、圖 186　製成細長的還是粗短的圓柱去掉的材料最少？

【解】這個題目是需要慎重地用幾何學來解決的。設 ABC（圖 187）是這個圓錐通過軸線的截面圖，$\overline{BD}$ 是它的高，用 h 表示；它的底面半徑 $\overline{AD}=\overline{DC}$，用 R 表示。可以從圓錐中車出的圓柱，截面是 $MNOP$。現在要求出最大體積的圓柱的上底和圓錐頂 B 間的距離 $\overline{BE}$，用 x 表示。

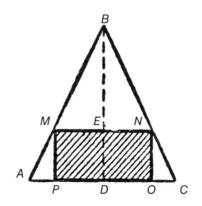

圖 187　圓錐和圓柱通過軸線的截面

圓柱的底面半徑 r（$\overline{PD}$ 或 $\overline{ME}$）可以由下列比例式求出：

$$\overline{ME}:\overline{AD}=\overline{BE}:\overline{BD}$$

就是

$$r:R=x:h$$

得到

$$r=\frac{Rx}{h}$$

圓柱的高 $\overline{ED}$ 等於 $h\text{-}x$。因此，它的體積是

$$v=\pi(\frac{Rx}{h})^2(h-x)=\pi\frac{R^2x^2}{h^2}(h-x)$$

得到

$$\frac{vh^2}{\pi R^2}=x^2(h-x)$$

在 $\frac{vh^2}{\pi R^2}$ 中，h、π 和 R 都是定值，只有 v 不是。現在我們要設法求出一個 x 的值來，使 v 成為最大值。顯然，如果 v 成為最大值，$\frac{vh^2}{\pi R^2}$ 也就是 $x^2(h\text{-}x)$ 也一定是最大值。那麼，這個 $x^2(h\text{-}x)$ 什麼時候達到最大值呢？我們這裡有三個不定值的乘數 x、x 和 $(h\text{-}x)$。假如它們的和是一個定值，那麼它們三者的乘積將在三者相等的時候最大。要這個和數達到定值並不困難，只要把上面那個等式的兩端各乘以 2。這就得到：

$$\frac{2vh^2}{\pi R^2}=x^2(2h-2x)$$

現在右邊部分的三個乘數已經有定值的和

$$x+x+2h-2x=2h$$

因此，它們三者的乘積將在三個乘數相等的時候達到最大值，就是

$$x=2h-2x, \quad x=\frac{2h}{3}$$

那時候 $\frac{2vh^2}{\pi R^2}$ 也將達到最大值，而圓柱的體積也隨之達到最大值了。

現在我們找到應該車出這個圓柱而只去掉最少材料的方法了：圓柱的上底面離圓錐頂應該等於圓柱高的三分之二。

◯ *12.14* 怎樣把木板接長？

你在工廠或家裡要製作些什麼東西，時常會遇到這種情形：手頭有的材料並不是你所需要的尺寸（圖 188）。

那時只好試用適當的方法來改變材料的大小。在這方面，藉著幾何和設計上的才智和計算的幫助，可以解決許多問題。

假設你遇到這麼一種情形：你正在製作一個書架，需要一定尺寸的木板，比如一塊長 1公尺寬 20 公分的木板，可是你手頭只有一塊短些而寬些的木板，比如是一塊長只有 75 公分，寬卻有 30 公分的木板（圖 188 左）。怎麼辦呢？

當然你可以把這木板順紋鋸出一條 10 公分寬的邊（圖中虛線所示），再把這條邊鋸成長 25 公分的三段，並把其中兩段接到木板上（圖 188 下）。

這樣的做法，至少在施工次數上（要鋸三次，拼兩次）是不經濟的，而且不夠堅固（木條接到木板上的地方不會很堅固的）。

【題】請你想出一個接長這塊木板的方法來，條件是：只許鋸三次，拼一次。

【解】應該把木板 $ABCD$（圖 189）沿對角線 $\overline{AC}$ 鋸開，然後把半塊（例如把 $\triangle ABC$）沿對角線和另外半塊（$\triangle ADC$）斜移開一段距離 $\overline{C_1E}$，$\overline{C_1E}$ 等於原有木板所短少的長度，就是 25 公分，這時兩半塊的總長度恰好是 1 公尺。現在用膠把它們在 $\overline{AC_1}$ 處拼合起來，把多餘部分（畫著陰影線的兩個小三角形）鋸掉，就得到所需要的木板了。

圖 188　只許鋸三次，拼一次，怎樣把木板接長？

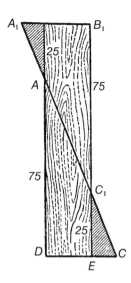

圖 189　加長木板的答案

實際上，從兩個三角形 △ ADC 和 △ C_1EC 的相似中，得到：

$$\overline{AD} : \overline{DC} = \overline{C_1E} : \overline{EC}$$

因此

$$\overline{EC} = \frac{\overline{DC}}{\overline{AD}} \times \overline{C_1E}$$

或

$$\overline{EC} = \frac{30}{75} \times 25 = 10 公分$$

$$\overline{DE} = \overline{DC} - \overline{EC} = 30 - 10 = 20 公分$$

ଓ *12.15* 最短的路程

最後一節，讓我們再談一個可以用極簡單的幾何作圖解決的「極大和極小」的問題。

【題】在一條河邊，要建造一座水塔，從那裡用水管向 A、B 兩個村莊（圖 190）供水。

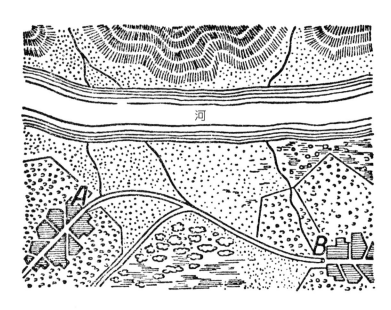

圖 190　水塔的問題

這個水塔應該建在什麼地方，才能使從塔到兩個村莊用的水管總長度最短？

【解】這個題目可以改成：怎樣求出從 A 點到岸邊一點然後到 B 點的最短路線？

假定所求的路線是 $\overline{ACB}$（圖 191）。讓我們把圖沿 $\overline{CN}$ 線折起，於是得到一個 B' 點。

假如 $\overline{ACB}$ 是一條最短的路線，那麼，由於 $\overline{CB'}=\overline{CB}$，$\overline{ACB'}$ 就該比任何另一條路線（例如 $\overline{ADB'}$）更短。這就是說，爲了求出最短的路線，只要找出直線 $\overline{AB'}$ 和岸邊相交的 C 點就可以了。那時候，只要把 C 和 B 連接，就可以找到從 A 到 B 最短的兩段路線了。

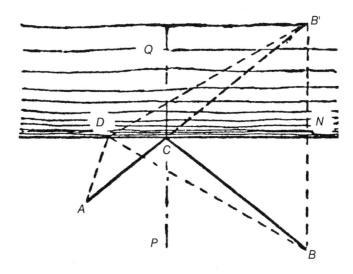

圖 191　選擇最短路線的幾何解答

在 C 點作 $\overline{CN}$ 的垂線，就可以看到，最短路線的兩段和這垂線所構成的 $\angle ACP$ 和 $\angle BCP$ 彼此相等（$\angle ACP = \angle B'CQ = \angle BCP$）。

大家都知道的光線反射定律恰是這樣的：入射角等於反射角。由此可以說明，光線在反射的時候選取最短路線的這個結論，其實早在兩千年前就已經被古代亞歷山大城的物理學家、幾何學家希羅發現了。

國家圖書館出版品預行編目 (CIP) 資料

趣味幾何學 / 雅科夫・伊西達洛維奇・別萊利曼著；符
其珣譯 . -- 初版 . -- 臺北市：五南 , 2018.08
　　面；公分
譯自：Entertaining geometry
ISBN 978-957-11-9490-5(平裝)

1. 幾何

316　　　　　　　　　　　　　　　106021105

學習高手系列116

ZD06

趣味幾何學

作　　　者－雅科夫・伊西達洛維奇・別萊利曼（Я.И.Перельман）
譯　　　者－符其珣
校　　　訂－黃俊瑋
發 行 人－楊榮川
總 經 理－楊士清
主　　　編－王者香
責任編輯－許子萱
封面設計－樂可優
出 版 者－五南圖書出版股份有限公司
地　　　址：106 台北市大安區和平東路二段 339 號 4 樓
電　　　話：（02）2705-5066　　傳　　真：（02）2706-6100
網　　　址：http://www.wunan.com.tw
電子郵件：wunan@wunan.com.tw
劃撥帳號：01068953
戶　　　名：五南圖書出版股份有限公司
法律顧問　林勝安律師事務所　林勝安律師
出版日期　2018 年 8 月初版一刷
定　　　價　新臺幣 450 元